Achille Nassi

Etude des transferts de charge interfaciaux

Achille Nassi

Etude des transferts de charge interfaciaux

Etude de transferts d'espèces a une interface liquide/liquide au moyen d'une électrode a film de membrane organique

Presses Académiques Francophones

Impressum / Mentions légales
Bibliografische Information der Deutschen Nationalbibliothek: Die Deutsche Nationalbibliothek verzeichnet diese Publikation in der Deutschen Nationalbibliografie; detaillierte bibliografische Daten sind im Internet über http://dnb.d-nb.de abrufbar.
Alle in diesem Buch genannten Marken und Produktnamen unterliegen warenzeichen-, marken- oder patentrechtlichem Schutz bzw. sind Warenzeichen oder eingetragene Warenzeichen der jeweiligen Inhaber. Die Wiedergabe von Marken, Produktnamen, Gebrauchsnamen, Handelsnamen, Warenbezeichnungen u.s.w. in diesem Werk berechtigt auch ohne besondere Kennzeichnung nicht zu der Annahme, dass solche Namen im Sinne der Warenzeichen- und Markenschutzgesetzgebung als frei zu betrachten wären und daher von jedermann benutzt werden dürften.

Information bibliographique publiée par la Deutsche Nationalbibliothek: La Deutsche Nationalbibliothek inscrit cette publication à la Deutsche Nationalbibliografie; des données bibliographiques détaillées sont disponibles sur internet à l'adresse http://dnb.d-nb.de.
Toutes marques et noms de produits mentionnés dans ce livre demeurent sous la protection des marques, des marques déposées et des brevets, et sont des marques ou des marques déposées de leurs détenteurs respectifs. L'utilisation des marques, noms de produits, noms communs, noms commerciaux, descriptions de produits, etc, même sans qu'ils soient mentionnés de façon particulière dans ce livre ne signifie en aucune façon que ces noms peuvent être utilisés sans restriction à l'égard de la législation pour la protection des marques et des marques déposées et pourraient donc être utilisés par quiconque.

Coverbild / Photo de couverture: www.ingimage.com

Verlag / Editeur:
Presses Académiques Francophones
ist ein Imprint der / est une marque déposée de
OmniScriptum GmbH & Co. KG
Heinrich-Böcking-Str. 6-8, 66121 Saarbrücken, Deutschland / Allemagne
Email: info@presses-academiques.com

Herstellung: siehe letzte Seite /
Impression: voir la dernière page
ISBN: 978-3-8381-4064-3

Copyright / Droit d'auteur © 2014 OmniScriptum GmbH & Co. KG
Alle Rechte vorbehalten. / Tous droits réservés. Saarbrücken 2014

Sommaire

LISTE DES SYMBOLES ET DES ABREVIATIONS 5

LISTE DES FIGURES ET DES SCHEMAS 8

LISTE DES TABLEAUX 13

RESUME 15

ABSTRACT 16

INTRODUCTION GENERALE 17

CHAPITRE 1 : GENERALITES SUR LES INTERFACES LIQUIDE|LIQUIDE 20

INTRODUCTION 21

   1) Généralités sur les interfaces 22

   1.1) Moyens d'étude de l'interface liquide|liquide 24

   1.2) Interface liquide ionique|eau 29

   2) Condition d'équilibre à l'interface liquide|liquide 30

   2.1) Le potentiel de Nernst 33

   2.2) Energies standard de transfert de Gibbs d'un ion 34

   3) Polarisation aux interfaces liquide|liquide 36

   3.1) Interface non polarisable 36

   3.2) Interface polarisable 37

   4) Transfert de charge à une interface liquide|liquide 39

   4.1) Etude du transfert d'ions à l'aide de l'électrode à film organique (EFO) 39

   4.2) Transfert d'électron 41

   Conclusion 45

CHAPITRE 2 : COMPORTEMENT REDOX DE LA BISPHTALOCYANINE DE
LUTETIUM A L'INTERFACE LIQUIDE|LIQUIDE 46

   Introduction 47

   1) Comportement électrochimique de bisphtalocyanines en milieu organique 48

2) Etude du comportement électrochimique de bisphtalocynanines de lutétium à une interface de deux liquides non miscibles 50

2.1) Mécanisme de la réaction redox à une électrode modifiée par un film de nitrobenzène 50

2.2) Effets des électrolytes présents dans les deux phases 53

2.2.1) Interface non polarisable 53

2.2.2) Interface polarisable 58

2.3) Influence de l'électrolyte de la phase aqueuse 59

2.3.1) Electrolyte à la fois hydrophile et hydrophobe 59
2.3.2) Electrolyte ayant un caractère hydrophile 64

2.4) Influence de l'électrolyte de la phase organique 66

3) Détermination des énergies de Gibbs de transfert des ions 68

Conclusion 76

CHAPITRE 3 : ELECTRODE MODIFIEE PAR UN FILM DE LIQUIDE IONIQUE ... 77

Introduction 78

1) Les propriétés des liquides ioniques 79

1.1) Domaine de température accessible 80

1.2) Polarité 81

2) Solubilité du TOPB dans l'eau 82

3) Propriétés électrochimiques des liquides ioniques 83

4) Domaine d'électroactivité 84

5) Etude du Transfert électronique à une interface eau|liquide ionique 87

5.1) Etude électrochimique de LBPC dans un film de TOPB au contact de solutions aqueuses d'halogénures ... 90

5.2) Etude du comportement électrochimique de LBPC en présence des ions hydrogénosulfate, perchlorate et nitrate dans le milieu aqueux. 98

5.3) Détermination de l'énergie de Gibbs de transfert des anions du milieu aqueux vers le liquide ionique 102

5.4) Etude cinétique du transfert d'anion à travers l'interface liquide|liquide au moyen d'une électrode de graphite modifié par un film de TOPB 103

5.4.1) Influence de la concentration des électrolytes de la phase aqueuse 109

5.4.2) Influence de la nature des anions du milieu aqueux 113

Conclusion 116

CHAPITRE 4 : TRANSFERT D'ELECTRON ENTRE LES CORPS REAGISSANTS SITUES A DES COTES OPPOSES D'UNE INTERFACE LIQUIDE|LIQUIDE 117

Introduction 118

1) Transfert d'électron à la frontière séparant deux phases 119

2) Etude du transfert d'électron entre LBPC dans TOPB et le couple $(Fe(CN)_6^{3-} / Fe(CN)_6^{4-})_{(E)}$ 122

Conclusion 133

CONCLUSION GENERALE 134

BIBLIOGRAPHIE 137

ANNEXES EXPERIMENTALES 144

LISTE DES ARTICLES ET COMMUNICATIONS TIRES DE CE TRAVAIL 147

LISTE DES SYMBOLES ET DES ABREVIATIONS

Symbole	Définition	Unité (1)
A	Aire d'une électrode	m^2
$a_{i()}$	Activité de l'espèce i dans la phase	1
$c_{i()}$	Concentration de l'espèce i dans la phase	$mol.L^{-1}$
c_{Ox}	Concentration de la forme oxydée	$mol.L^{-1}$
c_{Red}	Concentration de la forme réduite	$mol.L^{-1}$
c^*_{Ox}	Concentration initiale de l'espèce oxydable dans le film	$mol.L^{-1}$
dE	Pas de potentiel	s
$\Delta_E^{NB}\phi_{X^-}^{\theta}$	Potentiel standard de transfert de l'ion de l'eau vers le nitrobenzène	V
D	Coefficient de diffusion	$m^2.s^{-1}$
E	Potentiel d'électrode relatif (par rapport à une référence)	V
E^{θ}	Potentiel (relatif) standard ou normal d'un système électrochimique	V
$E^{\theta'}$	Potentiel formel d'un système électrochimique	V
$E_{1/2}$	Potentiel de demi-vague	V
f	Fréquence en SWV	s^{-1}
f_{max}	Fréquence associée à la position du maximum quasiréversible	s^{-1}
F	Constante de Faraday	$C.mol^{-1}$
I	Courant	A
i_d	Intensité du courant de diffusion	A
i_{et}	Intensité du courant de transfert d'électron	A
i_{obs}	Intensité observée	A
I_p	Courant réel net	A
k_{et}	Constante de vitesse de transfert d'électron	$cm.s^{-1}$
	Coefficient de transfert de charge	1
K	Paramètre cinétique de la réaction d'électrode du premier ordre sans dimension	1
K'	Paramètre cinétique de la réaction d'électrode du second ordre sans dimension	1
k_s	Constante de vitesse standard hétérogène de premier ordre	$cm.s^{-1}$
k'_s	Constante de vitesse standard hétérogène de second ordre	$cm^4\ s^{-1}\ mol^{-1}$
L	Epaisseur du film	m
R	Constante des gaz	$J\ mol^{-1}\ K^{-1}$
	Rapport des concentrations	1
t	Temps	s
T	Température	K
x	distance	m
p	courant sans dimension	1
ϕ^{α}	courant de pic sans dimension	1
	Potentiel interne de la phase è	V
$\tilde{\mu}$	Potentiel électrochimique	$kJ\ mol^{-1}$
$\mu_i^{\theta,\alpha}$	Potentiel chimique standard dans la phase è	$kJ\ mol^{-1}$

(1) Des multiples ou sous-multiples étant fréquemment utilisés (cm, µm, ou mV, µA,.....)

Abréviations	Définition
BPG	Basal Plane Graphite
ClO_4^-	Perchlorate
EFO	Electrode à Film Organique
EPG	Edge Plane Graphite
Fc	Ferrocène
Fc^+	Ferrocinium
ITIES	Interface between Two Immiscibles Electrolytes Solutions)
LBPC	Bis(tetra-tert-butylphtalocyaninato) de lutétium
$LBPC^-$	Forme réduite de LBPC
$LBPC^+$	Forme oxydée de LBPC
$Li_2[Pc]$	Phtalocyanine de lithium
$Mg[Pc]$	Phtalocyanine de magnésium
$Sn[Pc]_2$	Bisphtalocyaninato d'étain
LI	Liquide ionique
PF_6^-	Hexafluorophosphate
Pi^-	Picrate
TBA^+ (ou Bu_4N^+)	Tétrabutylammonium
TEA^+ (ou Et_4N^+)	Tétraéthylammonium
THA^+	Tétrahexylammonium
TMA^+ (ou Me_4N^+)	Tétraméthylammonium
TPA^+ (ou Pr_4N^+)	Tétrapropylammonium
TPB^- (ou $BØ_4^-$)	Tétraphénylborate
$TPAs^+$	Tétraphenylarsonium
TOPB (ou $4C_8P^+Br^-$)	Bromure de tétraoctylphosphonium
$Fe(CN)_6^{4-}$	Hexacyanoferrate (II)
$Fe(CN)_6^{3-}$	Hexactanoferrate (III)

LISTE DES FIGURES ET DES SCHEMAS

Figure 1.1 : *Représentation schématique d'un arrangement à quatre électrodes utilisée en voltammétrie pour l'étude d'une ITIES ; ER = électrode de référence, CE = contre électrode*..24

Figure 1.2 : *Représentation schématique d'un dispositif à trois phases*........................25

Figure 1.3 : *Représentation schématique d'une électrode modifiée par un film de liquide organique, immergée dans une solution aqueuse*......................................26

Figure 2.1 : *La bis(tetra-tert-butylphtalocyaninato) de lutétium (LBPC)*........................46

Figure 2.2 : *Voltammétrie cyclique de Lu[Pc]$_2$ en solution dans le dichlorométhane*[1, 2]. *N = forme neutre, O_1 = 1er état oxydé, R_1 = 1er état réduit*..............................47

Figure 2.3 : *représentation schématique des réactions possibles lors de l'oxydation (a) ou de la réduction (b) LBPC à une EFO*..49

Figure 2.4 : *Voltammogramme de LBPC (2,3 10^{-3} M) dans un film de nitrobenzène sur une électrode EPG*
Electrolyte support dans le nitrobenzène : THACl (0,1M).
Electrolyte support dans l'eau : LiCl (0,1M).
$v = 5 \, mV \, s^{-1}$..52

Figure 2.5 : *Intensité du pic du système d'oxydation de LBPC en fonction de la racine carrée de la vitesse de balayage*...53

Figure 2.6 : *Voltammogrammes de LBPC (2,3 10^{-3} M) dans un film de nitrobenzène, sur une électrode EPG.*
(1) Dans le nitrobenzène : THACl (0,1 M) et dans l'eau : LiCl (0,1 M)
(2) Dans le nitrobenzène : THACl (0,1 M) et dans l'eau : de LiCl (0,01 M)
$v = 5 \, mV \, s^{-1}$..54

Figure 2.7 : *Voltammogrammes de LBPC (2,3 10^{-3} M) dans un film de nitrobenzène, sur une électrode EPG.*
(1) Dans le nitrobenzène ; TBATPB (0,1 M) et dans l'eau ; TBAHSO$_4$ (0,01 M)
(2) Dans le nitrobenzène ; TBATPB (0,1 M) et dans l'eau ; TBAHSO$_4$ (0, 1 M)
$v = 5 \, mV \, s^{-1}$..55

Figure 2.8 : *Voltammogrammes de LBPC (2,3 10^{-3} M) dans un film de nitrobenzène sur une électrode EPG. Dans le nitrobenzène TBATPB (0,1M) et dans l'eau LiCl (0,1M).*
$v = 5 \, mV \, s^{-1}$..56

Figure 2.9 : *Voltammogrammes de LBPC (2,3 10^{-3} M) dans un film de nitrobenzène sur une électrode EPG.*
(1) Dans le nitrobenzène : pas de sel et dans l'eau : HClO$_4$ (2 10^{-3} M).
(2) Dans le nitrobenzène : pas de sel et dans l'eau : HClO$_4$ (0,1 M).
$v = 5 \, mV \, s^{-1}$..59

Figure 2.10 : *Voltammogrammes de LBPC (2,3 10^{-3} M) dans un film de nitrobenzène sur une électrode EPG.*
(1) Dans le nitrobenzène : pas de sel et dans l'eau : HClO$_4$ (1 M).
(2) Dans le nitrobenzène : pas de sel et dans l'eau : HClO$_4$ (2 M).
$v = 5 \, mV \, s^{-1}$..61

Figure 2.11 : *Voltammogrammes de LBPC (2,3 10^{-3} M) dans un film de nitrobenzène sur une électrode EPG.*
Dans le nitrobenzène : pas de sel et dans l'eau : HCl 1M.
$v = 5 \, mV.s^{-1}$..63

Figure 2.12: Voltammogrammes de LBPC (2,3 10^{-3} M) dans un film de nitrobenzène sur une électrode EPG.
Dans le nitrobenzène : THACl (0,1 M) et dans l'eau : pas d'électrolyte.
$v = 5$ mV s^{-1} 65

Figure 2.13 : Variation du potentiel formel obtenu en voltammétrie à onde carrée en fonction du logarithme du rapport $a_{Me_4N^+_{(nb)}}/a_{Me_4N^+_{(e)}}$ 69

Figure 2.14: Voltammogrammes de LBPC (2,3 10^{-3} M) dans un film de nitrobenzène sur une électrode EPG.
Dans le nitrobenzène : respectivement TEATPB (0,1M), TPATPB (0,1M), TBATPB (0,1M): (1) TEACl (0,1 M), (2) TPACl (0,1 M), (3) TBACl (0,1 M).
$f = 100$ Hz, $a = 50$ mV. 70

Figure 2.15 : Evolution des potentiels formels de LBPC en fonction des potentiels standard de transfert des différents ions à l'interface eau\nitrobenzène......................72

Figure 2.16: Corrélation entre $\Delta_e^{nb}\phi°$ des ions, mesurés à partir de la littérature et ceux obtenus expérimentalement...73

Figure 3.1 : Formule développée du bromure de tétraoctylphosphonium ($4C_8P^+Br^-$) TOPB.77

Figure 3.2 : Dispositif expérimental..82

Figure 3.3 : Voltammétrie cyclique d'un film de TOPB sur une électrode BPG, immergée dans de solutions aqueuses de : (1) KBr 0,1M ; (2) KCl 0,1 M ; (3) KNO_3 0,1 M. $v = 100$ mV/s...83

Figure 3.4 : Représentation schématique des réactions possibles lors de la réduction (a) ou de l'oxydation (b) à une électrode modifiée par un film de liquide ionique TOPB..86

Figure 3.5 : Voltammétrie cyclique d'un film de LBPC/TOPB (1/5) sur une électrode BPG immergée dans une solution aqueuse de KBr (0,5 M). $v = 100$ mV/s....................88

Figure 3.6 : Voltammétrie à onde carrée (SWV) de LBPC dans un film de TOPB (LBPC/TOPB : 1/5) sur une électrode de BPG immergée dans une solution aqueuse de KBr (0,5 M).
$f = 100$ Hz, $dE = 0,0015$ V, $a = 50$ mV..89

Figure 3.7 : Evolution du potentiel $E_{1/2}$ des couples redox du film LBPC/TOPB (1/5) à une électrode BPG en fonction de $\log a_{Br^-_{(E)}}$.
(1) $LBPC^+/LBPC$; (2) $LBPC/LBPC^-$; (3) $LBPC^-/LBPC^{2-}$..91

Figure 3.8: Voltammétrie SWV d'un film LBPC/TOPB (1/19) sur une électrode BPG immergée dans une solution aqueuse de KBr (0,5 M). $f = 8$ Hz, $a = 50$ mV............................92

Figure 3.9 : Voltammétrie SWV d'un film LBPC/TOPB (1/19) sur une électrode BPG immergée dans une solution aqueuse de KBr (0,5 M) $f = 100$ Hz, $a = 50$ mV....................93

Figure 3.10 : Voltammétrie d'un film LBPC/TOPB (1/5) sur une électrode BPG immergée dans une solution aqueuse de KCl (0,5 M).
f = 100 Hz, dE = 0,0015 V, a = 50 mV..94

Figure 3.11 : Evolution du potentiel $E_{1/2}$ des couples redox du film LBPC/TOPB (1/5) à une électrode BPG en fonction de $\log a_{Cl^-_{(E)}}$
(1) $LBPC^+$/LBPC ; (2) LBPC/$LBPC^-$; (3) $LBPC^-$/$LBPC^{2-}$...95

Figure 3.12 : Voltammétrie SWV d'un film de LBPC/TOPB (1/19) sur une électrode BPG immergée dans une solution aqueuse : (a) $LiClO_4$ (0,1 M) ; (b) $KHSO_4$ (0,1 M).
f = 12 Hz, a = 50 mV..97

Figure 3.13 : Voltammétrie SWV d'un film de LBPC/TOPB (1/19) sur une électrode BPG immergée dans différentes solutions aqueuses de : (a) KCl (0,1 M), (b) KBr (0,1 M), (c) $TBAHSO_4$ (0,1 M), (d) $LiClO4$ (0,1 M). f = 100 Hz, a = 50 mV..........98

Figure 3.14 : Evolution du potentiel $E_{1/2}$ des couples redox du film (LBPC/TOPB (ratio molaire 1/19)) à une électrode BPG en fonction de $\log a_{ClO_4^-,(E)}$. (1) $LBPC^+$/LBPC ; (2) LBPC/$LBPC^-$ 99

Figure 3.15 : Influence de l'épaisseur du film LBPC/TOPB (1/19) au contact de
KBr aq (0,1 M), f = 180 Hz, a = 50 mV. (1) 1,6 µm. (2) 3,2 µm..............................103

Figure 3.16 : Effet de l'épaisseur du film LBPC/TOPB (1/19) déposé sur l'électrode BPG au contact d'une solution aqueuse de KBr (0,1 M) sur les systèmes redox (A) LBPC+/LBPC et (B) LBPC/$LBPC^-$.
(1) 0,7 µm, (2) 1,6 µM, (3) 3,2 µm..106

Figure 3.17 : (a) Dépendance de la fréquence critique en fonction de la concentration de KBr de la phase aqueuse.
(b) Effet de la concentration de KBr de la phase aqueuse sur le maximum de la quasiréversibilté de LBPC. La concentration de KBr est : (1) 1,96 mM ; (2) 0,1 M ; (3) 0,5M. Conditions LBPC/TOPB (1/19) sur BPG/KBr aq..........................110

Figure 3.18 : Maxima quasiréversibles obtenus expérimentalement correspondant aux transferts des anions. a = 50 mV, pas de poteniel dE = 0,15 mV.............112

Figure 3.19 : Effet de la surface de l'électrode sur le maximum de la quasi réversibilité de LBPC.
(1) LBPC/TOPB(1/19) sur EPG/ KBr(aq) (0,1M) surface EPG 0,32 cm^2.
(2) LBPC/TOPB(1/19) sur BPG/ KBr(aq) (0,1M) surface BPG 0,196 cm^2.................113

Figure 4.1 : Transfert de l'électron entre un couple redox hydophobe présent dans le solvant organique et un couple hydrophile présent dans la phase aqueuse.(T, Aux, Ref : électrodes de travail, auxiliaire, référence). 117

Figure 4.2 : (1) Voltammétrie cyclique de $Fe(CN)_6^{3-}$ (2 10^{-3} M) à une électrode BPG : Electrolyte support KBr 0,1 M ; vitesse de balayage 5 mV/s. (2) après avoir recouvert l'électrode d'un film de TOPB (3,2 µm)..................................121

Figure 4.3 : : Echange d'électron entre le couple redox Fe(CN)$_6^{3-}$/Fe(CN)$_6^{4-}$ de la phase aqueuse et le couple LBPC/LBPC$^-$ du film ionique TOPB. (1) Voltammogramme à une électrode BPG recouverte d'un film de TOPB/LBPC (1/19) immergée dans une solution aqueuse KBr (0,1 M) ; $C_{Fe(CN)_{6,(aq)}^{4-}} = C_{Fe(CN)_{6,(aq)}^{3-}} = 0$. (2) Reprise de l'expérience (1) avec $C_{Fe(CN)_{6,(aq)}^{3-}} = C_{Fe(CN)_{6,(aq)}^{4-}} = 5\ mM$ 125

Figure 4.4 : Echange d'électron entre les couples redox $(LBPC/LBPC^-)_{(LI)}$ et $(Fe(CN)_6^{3-}/Fe(CN)_6^{4-})_{(E)}$. Electrolyte de la phase aqueuse KBr 0,1 M. (potentiel de mesure du courant E = 0,19 V)..125

Figure 4.5: Echange d'électron entre les couples redox $LBPC^+{}_{(LI)}/LBPC_{(LI)}$ et $LBPC_{(LI)}/LBPC^-{}_{(LI)}$ du film ionique et le couple redox $Fe(CN)_{6\ (E)}^{3-}/Fe(CN)_{6\ (E)}^{4-}$. (1) Voltammogramme cyclique à une électrode BPG recouverte d'un film de TOPB/LBPC(1/19) et immergée dans une solution aqueuse de TBAHSO$_4$ 0,1 M. (2) Avec ajout de Fe(CN)$_6^{4-}$ et Fe(CN)$_6^{3-}$ (5 10^{-3} M) dans la phase aqueuse. (3) Avec ajout de Fe(CN)$_6^{4-}$ et Fe(CN)$_6^{3-}$ (10^{-2} M.) v = 5 mV.s^{-1}..128

Figure 4.6 : Echange d'électron entre les couples redox $(LBPC/LBPC^-)_{LI}$ et $(Fe(CN)_6^{3-}/Fe(CN)_6^{4-})_{(E)}$. Electrolyte dans la phase aqueuse KHSO$_4$ (0,1 M). Potentiel de mesure de courant E = 0,5 V..129

Schéma 2.1 : Etats redox et couleurs associées de Lu[Pc]$_2^3$.
E / V vs Fc$^+$/Fc. a : DMF, b : CH$_2$Cl$_2$, c : C$_6$H$_6$CN..47

Schéma 4.1 : Force électromotrice d'une réaction d'échange d'électron entre des espèces redox présentes dans les phases adjacentes immiscibles........................118

Schéma 4.2 : Echelle de potentiels des systèmes redox LBPC$^+$/LBPC, Fe(CN)$_6^{3-}$/Fe(CN)$_6^{4-}$ et LBPC/LBPC$^-$ à une interface eau|liquide ionique. Electrolyte dans l'eau KBr, pas d'électrolyte dans le liquide ionique..123

Schéma 4.3 : Echelle de potentiels des systèmes redox (LBPC$^+$/LBPC)$_{LI}$, (Fe(CN)$_6^{3-}$/Fe(CN)$_6^{4-}$)$_{(E)}$ et (LBPC/LBPC$^-$)$_{LI}$ à une interface eau|liquide ionique. Electrolyte dans l'eau TBAHSO$_4$ 0,1M..127

LISTE DES TABLEAUX

Tableau 2.1 : Caractéristiques électrochimiques de la LBPC à une électrode modifiée par un film de liquide organique. Rfce : ECS..66

Tableau 2.2 : Potentiel formel des systèmes redox $LBPC^+/LBPC$ et $LBPC/LBPC^-$............71

Tableau 3.1 : Evolution de la concentration (mM) des ions bromure dans des milieux aqueux au contact d'un excès de TOPB...80

Tableau 3.2 : Données de voltammétries cycliques relatives aux domaines d'électroactivité sur un film TOPB sur une électrode BPG immergée dans différentes solutions aqueuses. Rfce ECS...84

Tableau 3.3 : Potentiel formel des systèmes redox $LBPC^+/LBPC$ et $LBPC/LBPC^-$ à une électrode modifiée par un film de liquide ionique TOPB..101

RESUME

Le transfert d'espèces à travers l'interface liquide|liquide est étudié à l'aide d'une électrode modifiée par un film mince en utilisant diverses techniques électrochimiques dont la voltammétrie à onde carrée et la voltammétrie cyclique. L'électrode modifiée par le film mince se compose d'une électrode de graphite pyrolytique couverte d'une couche mince d'un solvant organique (nitrobenzène ou liquide ionique) contenant une espèce redox neutre électroactive et/ou un électrolyte approprié. Pour l'étude concernée nous avons utilisé comme couple redox dans la phase organique une bisphtalocyanine de lutétium dont les formes neutres, oxydées et réduites sont insolubles en milieu aqueux ; les composés de cette famille présentent en outre l'avantage d'être stables chimiquement et thermiquement. Le processus électrochimique global, procédant comme réaction couplée de transfert électron-ion, est commandé par le transfert d'électron à travers l'électrode de graphite|solvant organique ou par le transfert d'ion à travers l'interface solvant organique|solution aqueuse. Il apparaît clairement que l'échange d'électron entre l'électrode solide et le couple redox dans la solution organique permet la mesure des constantes cinétiques et des énergies de transfert de certains ions de l'eau vers la phase organique. Nous avons examiné le transfert d'une série de cations (sodium, potassium, tétraméthylammonium, tétraéthylammonium, tétrapropylammonium, tétrabutylammonium) afin de démontrer que les valeurs des énergies de Gibbs de transfert mesurées à l'aide de l'électrode à film de liquide organique sont en parfait accord avec les déterminations par des techniques thermodynamiques plus classiques, mais plus difficiles à mettre en œuvre.

ABSTRACT

The species transfer across the liquid|liquid interface is studied by means of a thin film-modified electrode using cyclic voltammetry and square-wave voltammetry. The thin film-modified electrode consists of an edge plane pyrolytic graphite electrode covered with a thin film of a water immiscible eletroinactive organic solvent (nitrobenzene or ionic liquid) containing a neutral redox probe and/or a suitable electrolyte. For this study we used, as redox probe in the organic phase a lutetium bisphtalocyanine whose neutral, oxidized and reduced forms are insoluble in aqueous medium; the compounds of this family have moreover the advantage of being stable chemically and thermally. The overall electrochemical process, proceeding as a coupled electron-ion transfer reaction, is controlled either by the electron transfer across the graphite electrode|organic solvent or by the ion transfer across the organic solvent|aqueous electrolyte interface. It appears clearly that the exchange of electron between the solid electrode and the redox probe in the organic solution allows the measurement of the constant kinetics and energies of transfer of certain ions from water towards the organic phase. We examined the transfer of a series of cations (sodium, potassium, tétraméthylammonium, tétraéthylammonium, tétrapropylammonium, tétrabutylammonium) in order to show that the values of Gibbs energies of transfer measured using the thin-modified electrode are in perfect agreement with the determinations by more traditional thermodynamic techniques, which are more difficult to carrying out.

Introduction Générale

Les mécanismes de la vie se fondent sur le contrôle de la cinétique et la thermodynamique des réactions possibles, et les membranes sont les outils utiles pour cela, car elles sont à la fois une barrière physique et une porte ouverte à la diffusion des espèces. Ceci explique l'intérêt pour l'interface liquide|liquide et c'est pourquoi la recherche sur des phénomènes de membrane est un champ où les chimistes rencontrent fréquemment les électrophysiologistes.

L'interface liquide|liquide se forme généralement lorsque l'eau est au contact d'un solvant organique immiscible à l'eau. L'eau et la plupart des solvants qui sont dits être non miscibles sont en fait mutuellement solubles mais à de très faibles concentrations ; par exemple, la solubilité du chloroforme dans l'eau est environ 0,07 M, celle de l'eau dans ce solvant étant de 0,05 M. La nature d'une telle interface a été beaucoup discutée et différents modèles ont été proposés au fil des années[4-13].

La structure de l'interface a fait l'objet de nombreuses études qui sont rapportées et discutées dans beaucoup de revues. Dans le premier traité consacré à ce sujet[14, 15], l'interface est présentée comme une zone très fine de contact entre deux solvants considérés comme totalement non miscibles. Il est accepté maintenant que les caractéristiques principales de l'interface sont : (i) deux couches diffuses d'électrolyte qui se prolongent de quelques nm des deux côtés de l'interface, (ii) les gradients de concentration apparaissent quand une molécule réagit dans une phase[6, 16]. L'interface n'est pas rigide et les fluctuations thermiques induisent des variations de tension superficielle. La rugosité apparente devrait changer le long d'une expérience dans les conditions affectant la tension superficielle et la densité des phases liquides[17-19]. Les interfaces gagnent progressivement les domaines peu explorés tels que les capteurs analytiques, la modélisation des membranes biologiques. On comprend donc que les interfaces liquide|liquide sont au cœur de nombreux systèmes électrochimiques et biologiques (essentiellement les systèmes liquide|eau et les membranes cellulaires).

Plusieurs méthodes expérimentales sont disponibles pour l'étude de l'interface, comme les méthodes spectroscopiques très utiles pour des investigations in situ : spectroscopie optique et autres techniques spectroscopiques de surface. Les plus employées depuis un certain temps sont celles qui font appel à des mesures de tension ou électrocapillaires superficielles, à la potentiométrie et à la voltammétrie.

L'électrochimie aux interfaces liquide|liquide étudie le transfert de charge (ion et électron) à travers une interface entre deux solutions électrolytiques non miscibles (ITIES), éventuellement des réactions chimiques couplées à ce transfert. La recherche dans ce domaine a été intensifiée ces dernières années en raison de son importance dans la compréhension de la cinétique hétérogène de réactions imitant les membranes biologiques[6, 20, 21]. Les difficultés généralement rencontrées dans ce genre d'étude concernent l'effet de la chute ohmique dans les milieux organiques, bien souvent très mauvais conducteurs. Afin d'éliminer ces problèmes, l'utilisation d'un potentiostat à quatre électrodes minimisant la compensation de la chute ohmique a été proposée pour la première fois par Samec et al.[22, 23]. Un potentiostat à quatre électrodes n'est pas courant dans la communauté électrochimique. Certains auteurs ont proposé d'avoir recours à la microélectrode liquide|liquide afin de réduire les courants et donc de s'affranchir des effets de la chute ohmique[24, 25]. Shi et al[11, 26] ont récemment rapporté que les réactions de transfert de l'électron à l'interface liquide|liquide peuvent être étudiées en utilisant une électrode de graphite modifiée par un film de solvant organique[11, 12]. Par contre d'autres auteurs ont eu recours à l'électrode à trois phases pour étudier les transferts d'ions[27-31]. Ces derniers dispositifs nécessitent l'utilisation de matériel d'électrochimie courant.

Nous nous sommes appuyés sur la méthode développée par Shi et al[11, 12, 32] pour conduire une étude approfondie du transfert de charge à l'interface liquide|liquide ; transfert d'ion et transfert d'électron. Le nitrobenzène a été le principal solvant organique utilisé, mais nous avons cependant montré que cette méthodologie est également applicable à l'étude des échanges entre l'eau et une phase organique particulière ; un liquide ionique. Le composé redox que nous avons choisi, une bisphtalocyanine de lutétium, présente sur le ferrocène (généralement utilisé comme précurseur dans des procédés de transfert de charges interfaciaux) l'avantage d'être stable, très hydrophile et surtout oxydable et réductible. Après les généralités sur les interfaces liquide liquide|liquide décrit au chapitre 1 ; dans un souci de clarté, nous relatons en premier lieu dans le chapitre 2 les résultats concernant le comportement électrochimique de la bisphtalocyanine de lutétium à une interface eau|nitrobenzène. Le chapitre 3 décrit les résultats de l'étude électrochimique du comportement de ces mêmes bisphtalocyanines de lutétium à une interface eau|liquide ionique. Le comportement électrochimique de la bisphtalocyanine de lutétium sous ces conditions nous permettra d'accéder aux énergies Gibbs de transfert des ions de la phase aqueuse vers le solvant, valeurs nécessaires pour mener à bien l'étude de la réaction de transfert d'électron de deux espèces électroactives présentes dans les phases adjacentes de deux liquides immiscibles. Ce dernier transfert fera l'objet du chapitre 4.

Chapitre 1
GENERALITES SUR LES INTERFACES LIQUIDE|LIQUIDE

Introduction

Une interface représente la frontière séparant deux milieux de constitutions physique et chimique différentes ; elle-même présente des propriétés physico-chimiques particulières. Les processus se produisant aux interfaces, les échanges de matière par exemple, impliquent des réactions homogènes dans les phases, comme le transport des réactifs. Le transfert d'ion à l'interface liquide|liquide est un phénomène important dans les systèmes impliquant une interface de deux liquides non miscibles[33, 34]. Ces interfaces gagnent progressivement les domaines aussi peu explorés que, l'extraction gouvernée par un courant électrique, la conception de nouveaux matériaux (exemples : capteurs électrochimiques, membranes liquides,…), la catalyse par transfert de phase…. L'interface entre les liquides non miscibles peut servir de modèle pour comprendre le phénomène qui se déroule lorsqu'une membrane est au contact d'un environnement électrolytique[35-37]. Le transfert d'ion à l'interface liquide|liquide est un phénomène important dans les systèmes impliquant une interface de deux solutions électrolytiques non miscibles[15, 35, 38, 39]. L'interface entre deux solutions électrolytiques non miscibles dont l'acronyme ITIES (Interface between Two Immiscible Electrolyte Solutions) est au cœur des phénomènes que nous développerons tout au long de ce mémoire. L'interface liquide|liquide se distingue par conséquent des systèmes matériels qui l'enveloppent. C'est précisément dans l'originalité de ces propriétés que réside le grand intérêt des interfaces d'un point de vue scientifique et technologique.

La motivation de l'étude de l'interface est donc double, car elle intéresse aussi bien le domaine pratique que théorique.

1) Généralités sur les interfaces

Les premières études concernant les interfaces liquide|liquide datent de la fin du XIXème siècle. En 1875 Gibbs décrit la relation thermodynamique qui existe lorsqu'une membrane est en équilibre avec un milieu aqueux. La théorie sur les solutions électrolytiques a été formulée plus tard (1887) par Arrhenius. Les travaux les plus importants dans le domaine ont été réalisés par Nernst (1888 et 1889) et Planck (1890) sur le transport d'électrolytes en solution. Nernst et Riesenfeld[14, 15, 40] (1902) ont été les premiers à décrire les expériences à l'interface liquide|liquide. Ces auteurs ont utilisé des électrolytes inorganiques colorés (KI_3, K_2CrO_4, $Fe(SCN)_3$, etc.) pour étudier l'équilibre de partage de ces électrolytes entre l'eau et le phénol. Ils ont observé le transfert d'ions à travers l'interface lors du passage d'un courant. Le but de ce travail était de mesurer le nombre de transport dans les solvants aqueux. Dans cette première approche, ils ont quantifié le nombre de transport des sels colorés dans le phénol[15, 40].

La seconde approche utilisée par Riesenfeld pour mesurer les nombres de transport dans les solvants organiques était basée sur la mesure des forces électromotrices avec des membranes de liquides organiques[40, 41]. En 1902 cet auteur a montré que la force électromotrice d'une cellule de concentration telle que :

Electrode | électrolyte aqueux (c_1)|phenol|électrolyte aqueux (c_2)|électrode

peut être exprimée en fonction de la concentration des électrolytes des phases aqueuses en utilisant l'équation de Nernst :

$$E = \frac{2RT}{F} t_-^p \ln \frac{c_1}{c_2} \qquad (1.1)$$

Riesenfeld a ainsi mesuré les nombres de transports des électrolytes KBr, KCl, et KI[14]. Cette seconde méthode de mesure des nombres de transport est intéressante, car elle est indépendante de la valeur du nombre de transport de la phase aqueuse. Après ces premières investigations électrochimiques, et après que Cremer[42] ait relevé l'analogie entre la cellule de concentration constituée par le système eau|huile|eau et les membranes biologiques semi-perméables étudiées par Ostwald[43] ; l'interface huile|eau est devenue un model pour étudier les courants et les potentiels bioélectriques, qui a fasciné la communauté scientifique depuis les premières expériences de Galvani en 1786. L'origine de la différence de potentiel mesurée à travers la cellule de concentration eau|huile|eau quand la concentration des différents sels varie dans les compartiments aqueux, a été sujette à controverse pendant plusieurs années car la différence de potentiel variait au cours de l'expérience.

Cremer[42] fut le premier à revendiquer que la différence de mobilité entre cations et anions est à l'origine de la création de la force électromotrice. En terminologie moderne, ceci revient à dire que le potentiel mesuré est le potentiel de diffusion.

Beutner[44, 45] qui a initialisé une étude systématique sur les cellules de concentration, a cru que la force électromotrice survient de la charge libre située à l'interface huile|eau, qui est due à une distribution inégale des ions à travers l'interface.

En 1953, Karpfen et Randles[46] ont révisé l'approche de Beutner en utilisant un traitement thermodynamique et en introduisant un concept de la différence de potentiel de distribution. Ce traitement basé sur l'égalité des potentiels électrochimiques des ions entre l'eau et le solvant immiscible à l'eau est indépendant de la concentration du sel. Ces phénomènes sont au centre des études thermodynamiques et électrochimiques des interfaces de deux liquides non miscibles.

Le transport d'ions à travers l'interface de deux solutions électrolytiques non miscibles diffère du processus qui se déroule à l'interface métal|solution[47] par quelques caractéristiques et notamment parce qu'il concerne des espèces très diverses, cations, anions, électrons. L'électrochimie est très appropriée pour l'étude de telles investigations.

Avant de nous intéresser au transport de matière et de charges au travers de l'interface eau|solvant, un survol de quelques moyens d'étude de l'interface liquide|liquide nous paraît opportun.

1.1) Moyens d'étude de l'interface liquide|liquide

Après les premières expériences de Nernst et Riesenfeld aux interfaces liquide|liquide publiées en 1902[48-50], il a fallu attendre presque 70 ans pour que Guastalla et autres entreprennent une étude de telles interfaces[51, 52]. Pendant ces trois dernières décennies, la voltammétrie aussi bien que d'autres techniques électrochimiques ont été appliquées à l'étude des réactions se déroulant à l'interface de deux solutions électrolytiques non miscibles afin de déterminer le coefficient de partage des ions[53-61].

Pour explorer l'interface de deux liquides non miscibles on peut utiliser les mêmes moyens d'analyse que ceux développés pour l'étude de l'interface métal|solution. Les techniques expérimentales les plus largement utilisées pour l'étude des interfaces liquide|liquide sont : la chronopotentiométrie, la polarographie, la voltammétrie cyclique et les mesures d'impédance. Ces techniques sont attrayantes, si les méthodes électrochimiques d'analyse utilisées sont performantes et faciles de mise en œuvre.

Plusieurs méthodes électrochimiques d'analyse ont été élaborées pour étudier les réactions à l'interface de deux liquides non miscibles. Marken et al[33, 62] ont montré que les solutions organiques immiscibles avec l'eau pouvaient être fixées sur la surface d'une électrode par évaporation de la solution organique : l'électrode ainsi modifiée se comporte comme une électrode solide. Bard[63] et ses collaborateurs ont montré que l'interface entre deux solutions électrolytiques non miscibles pouvait être explorée par la microscopie électrochimique à balayage. Avec cette méthode ils ont pu observer le transfert d'électron entre deux phases liquides non miscibles et examiner ainsi le transfert des espèces chargées d'une phase à une autre. Certains chercheurs[64, 65] ont montré que le comportement de la micro interface liquide|liquide est analogue à celui des microéletrodes solides. Cette microélectrode a été utilisée pour l'étude du transfert d'espèces chargées à l'interface liquide|liquide.

Lorsqu'on procède à la réduction des aires des interfaces, on est en droit d'attendre des effets identiques à ceux observés lors de l'utilisation des microélectrodes solides. La réduction de l'intensité du courant et de la capacité des microinterfaces permet effectivement des simplifications des montages expérimentaux, le travail dans des milieux fortement résistants, ou en présence de concentrations réduites en électrolyte. Cependant l'élaboration pratique de microinterfaces n'est pas aisée. Certains auteurs ont utilisé des micropipettes analogues à celle des électrophysiologistes pour étudier le transfert d'ions à travers l'interface liquide|liquide[24]. Une microinterface a été obtenue en perforant une mince membrane de verre par la décharge d'une bobine de Tesla ; c'est un procédé qui présente le désavantage d'être difficile à contrôler[66].

Les travaux de Schiffrin et al[54, 67] d'une part et d'autre part de L'Her et collaborateurs[64, 65, 68] dans ce domaine ont abouti à la mise au point d'une microinterface à partir d'un canal percé à l'aide d'un laser dans une plaquette d'alumine ou de polymère. Ce dispositif est robuste et aisément utilisable.

Ces travaux ont été réalisés à l'aide du dispositif potentiostatique utilisant la représentation schématique décrite à la figure 1.1.

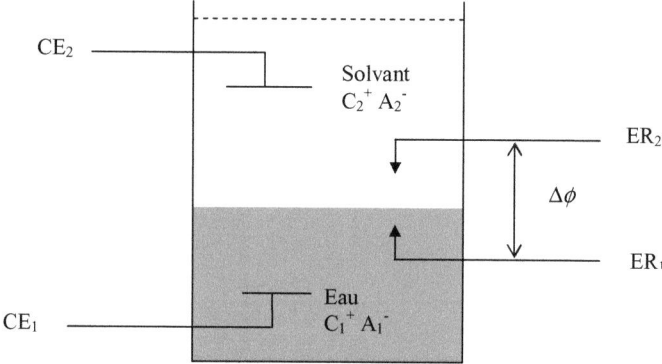

Figure 1.1 : Représentation schématique d'un arrangement à quatre électrodes utilisée en voltammétrie pour l'étude d'une ITIES ; ER = électrode de référence, CE = contre électrode.

L'utilisation de microinterfaces réduit considérablement les courants d'échange et les deux électrodes de référence peuvent alors servir également à établir le champ électrique. On obtient aussi avec ce dispositif les avantages identiques à ceux que le recours aux microélectrodes solides a apportés. Bien qu'elle soit attrayante à divers point de vue ce montage potentiostatique nécessite l'élaboration d'un appareillage lourd, onéreux et de mise en œuvre délicate.

Scholz et al[31] ont fixé facilement sur une électrode de graphite imbibée de paraffine de gouttelettes de solvants aprotiques polaires ou apolaires contenant des espèces électroactives, pour étudier les réactions de transfert d'espèces chargées à l'interface liquide|liquide. Shi et Anson[11, 69] ont montré qu'en recouvrant l'électrode de travail avec un film de liquide organique contenant des espèces redox, on peut analyser des réactions à l'interface liquide|liquide.

Pour réaliser une interface liquide|liquide, Scholz et al[31, 70] ont mis sur pied un système à trois phases utilisant un dispositif potentiostatique à trois électrodes. Ce système leur a permis d'étudier le transfert simultané des ions et des électrons à l'interface liquide|liquide. Une goutte de solvant dans lequel est dissous une espèce électroactive neutre est déposée à la surface de l'électrode de graphite, qui sera par la suite immergée dans une solution aqueuse. La représentation schématique est la suivante :

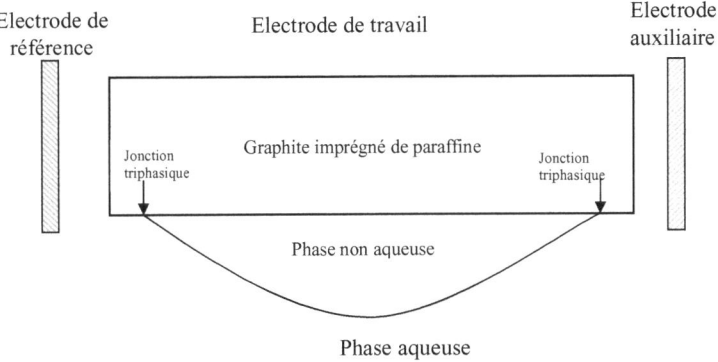

Figure 1.2 : Représentation schématique d'un dispositif à trois phases.

L'électrode de graphite imprégné de paraffine exclue toute pénétration du solvant organique ou de l'eau dans l'électrode. La surface de l'électrode est hydrophobe et seule la phase aqueuse contient de l'électrolyte. Le solvant organique est dépourvu d'électrolyte, sa conductivité ionique est donc faible. Par conséquent, à l'intérieur de l'interface entre la goutte et la surface de l'électrode, aucune réaction électrochimique ne peut se produire. Cependant à la jonction triphasique, une brusque diminution du potentiel à l'intérieur de la goutte sera établie. L'espèce neutre électroactive dissoute dans le solvant non aqueux peut être oxydée le long de la jonction triphasique pour produire une espèce chargée. Cette réaction sera accompagnée par le transfert d'un ion de la phase aqueuse vers le solvant non aqueux. Le potentiel interfacial n'est pas facile à contrôler.

Récemment, un nouveau dispositif expérimental, utilisant également une cellule conventionnelle à trois électrodes a été mis sur pied pour l'étude du transfert d'espèces chargées à une interface de deux solutions électrolytiques non miscibles[71-78]. Cette méthode de mise en œuvre facile offre des possibilités nouvelles d'étude du transfert des espèces chargées : ions ou électrons, d'une phase aqueuse à un solvant non miscible, avec de nombreuses applications analytiques. Par ce dispositif, une goutte[71-73] ou un mince film[74-78] de solvant organique non miscible à l'eau, contenant une espèce éléctroactive, est déposée sur une électrode de graphite et immergée dans une solution aqueuse électrolytique. Un électrolyte lipophile est dissous dans la phase organique dans le but de diminuer la chute ohmique dans le film de solvant organique.

La représentation schématique du dispositif est présentée sur la figure 1.3.

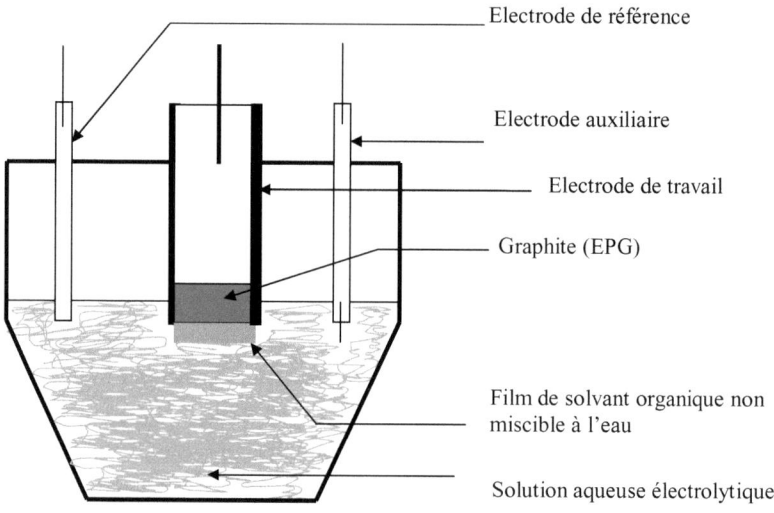

Figure 1.3 : *Représentation schématique d'une électrode modifiée par un film de liquide organique, immergée dans une solution aqueuse.*

C'est ce dernier dispositif que nous utiliserons ; il comporte une interface liquide|liquide, puisque le transfert de l'électron ou d'un ion a lieu à l'interface entre la phase organique et la phase aqueuse. Le montage potentiostatique à trois électrodes convient bien à l'étude de réactions d'espèces chargées à l'interface liquide|liquide.

Généralement, les interfaces liquide|liquide sont formées entre une solution aqueuse et un solvant organique (dichloroéthane, nitrobenzène,...). La littérature relève très peu d'étude réalisée à l'interface solution aqueuse|liquide ionique. Or les liquides ioniques sont moins polluants par exemple, et ne sont pas volatils.

1.2) Interface liquide ionique|eau

Le terme « liquide ionique » est employé depuis longtemps pour caractériser les phases obtenues par fusion d'électrolytes, souvent à haute température. Ce terme est toutefois employé actuellement pour des sels fondus à des températures voisines de l'ambiante. Nous allons revenir sur certaines des propriétés des liquides ioniques au chapitre 3.

L'écrasante majorité de ces liquides ioniques résulte de l'association d'un cation organique et d'un anion inorganique, voire aussi d'anions organiques. Les liquides ioniques sont proposés comme possibilités de remplacement alternatif du solvant organique dans l'extraction liquide/liquide[79, 80] d'une part et d'autre part comme milieu de séparation sélective[81, 82].

Les études solvatochromatiques indiquent que les liquides ioniques ont la même polarité que certains alcools à courtes chaînes, et que certains solvants aprotiques (DMSO, DMF, NB, etc.)[82-86].

En changeant la nature des ions présents dans le liquide ionique, il est possible de modifier les propriétés du liquide ionique. Par exemple, la miscibilité avec l'eau peut être totale ou non, si on passe de l'anion Cl^- à l'anion PF_6^- dans le cas où le cation organique est un N,N-dialkylimidazolium. De même, la lipophilicité d'un liquide ionique est modifiée par la nature du cation. Il est par conséquent possible d'utiliser les liquides ioniques hydrophobes pour former un système biphasique liquide ionique|milieu aqueux.

Les solubilités des composés organiques et des sels métalliques dans les liquides ioniques sont souvent supérieures à celles rencontrées dans les solvants organiques. Les liquides ioniques sont très intéressants à cause de leur unique propriété physique et chimique : grande stabilité thermique, pression de vapeur négligeable, faible toxicité, basse température de fusion et bonne stabilité électrochimique[87].

A l'opposé des solvants organiques conventionnels utilisés en extraction, les liquides ioniques peuvent se partager dans la phase aqueuse en établissant une différence de potentiel interfacial. La caractérisation d'une telle interface entre le liquide ionique hydrophobe et l'eau peut être menée dans les mêmes conditions d'étude électrochimique de l'interface de deux liquides immiscibles (ITIES). L'ITIES typique est l'interface formée entre un électrolyte hydrophile dissous dans l'eau et un électrolyte hydrophobe dissous dans le solvant organique. La différence de potentiel qui s'établit lors de la formation de l'interface dépend de la relative hydrophobicité/hydrophilicité des anions et des cations présents dans chacune des phases. Il est donc important de connaître les conditions d'équilibre qui s'établissent lorsque des phases immiscibles sont en contact.

2) Condition d'équilibre à l'interface liquide|liquide

Lorsque deux phases sont en contact, la condition thermodynamique d'équilibre nécessite que les énergies molaires de Gibbs pour chacun des constituants i soient égales dans chacune des deux phases. Les deux phases doivent bien entendu être électriquement neutres.

La grandeur utilisée pour caractériser chaque espèce dissoute dans les phases α et β est le potentiel électrochimique $\tilde{\mu}$, qui représente le travail requis pour transférer une mole d'ions du vide dans une phase α.

$$\tilde{\mu}_i = \mu_i + z_i F \phi = \mu^\theta + z_i RT \ln a_i + z_i F \phi \qquad (1.2)$$

Ce potentiel électrochimique peut être divisé en deux contributions. La première est le potentiel chimique :

$$\mu_i^\alpha = \mu_i^{\theta,\alpha} + z_i RT \ln a_{i_{(\alpha)}} \tag{1.3}$$

où $\mu_i^{\theta,\alpha}$ est le potentiel chimique standard et $a_{i_{(\alpha)}}$ l'activité de l'ion i dans la phase α. R et T sont respectivement la constante des gaz parfaits et la température. Quant à la seconde contribution $z_i F \phi$, elle est d'origine électrique et correspond au travail nécessaire pour amener l'espèce chargée du vide jusqu'à la phase dont le potentiel externe est ϕ^α ; z_i est la charge de l'ion, F est la constante de Faraday.

Le potentiel interne de la phase α, ϕ^α aussi appelé potentiel de Galvani, n'est pas mesurable.

Si un soluté non chargé, $z_i = 0$ est dissous dans deux phases liquides non miscible, en contact, l'égalité des potentiels électrochimiques du soluté dans les deux phases conduit à la relation suivante :

$$\frac{a_{i_{(\alpha)}}}{a_{i_{(\beta)}}} = \exp\frac{1}{RT}(\mu^{\theta,\beta} - \mu^{\theta,\alpha}) \tag{1.4}$$

La différence de potentiel chimique standard est égale à l'énergie standard de Gibbs pour le transfert de i, $\Delta G_{tr,i}^\theta$. La relation (1.4) peut être reliée au coefficient de partage. Suivant cette hypothèse, le coefficient de partage d'un ion isolé peut être déterminé.

$$\frac{a_{i_{(\alpha)}}}{a_{i_{(\beta)}}} = \exp\frac{1}{RT}(\mu^{\theta,\beta} - \mu^{\theta,\alpha} + z_i F(\phi^\beta - \phi^\alpha)) \tag{1.5}$$

où ϕ^α et ϕ^β sont des potentiels électriques des différentes phases respectives. Les valeurs obtenues permettent de comparer les tendances des différents ions à se partager dans les deux solvants. Ceci permet d'introduire le concept d'hydrophobicité et d'hydrophilicité.

Les conditions d'électroneutralité exigent cependant la présence d'un contre ion. En général, la distribution d'un type d'ions ne peut pas correspondre au coefficient de partage d'un ion isolé, mais est plutôt déterminé à partir de tous les ions présents au sein de la solution. La situation la plus simple correspond au cas où un sel se partage entre deux phases. Le potentiel électrochimique est définit :

- pour un sel univalent si on tient compte du cation (symbole (C^+))

$$\phi^\beta - \phi^\alpha = \frac{RT}{F}\ln\frac{a_{C^+_{(\alpha)}}}{a_{C^+_{(\beta)}}} + \frac{\mu^{\theta,\alpha}_{C^+} - \mu^{\theta,\beta}_{C^+}}{F} \qquad (1.6)$$

- et de l'anion symbolisé par (A^-) ;

$$\phi^\beta - \phi^\alpha = \frac{RT}{F}\ln\frac{a_{A^-_{(\alpha)}}}{a_{A^-_{(\beta)}}} + \frac{\mu^{\theta,\alpha}_{A^-} - \mu^{\theta,\beta}_{A^-}}{F} \qquad (1.7)$$

on aboutit à l'expression du coefficient de distribution :

$$\frac{a_{C^+_{(\alpha)}} a_{A^-_{(\alpha)}}}{a_{C^+_{(\beta)}} a_{A^-_{(\beta)}}} = \exp\frac{1}{RT}(\mu^{\theta,\beta}_{C^+} - \mu^{\theta,\alpha}_{C^+} + \mu^{\theta,\beta}_{A^-} - \mu^{\theta,\alpha}_{A^-}) \qquad (1.8)$$

Comme la concentration des cations et anions est égale dans chaque phase, les coefficients d'activité sont également les mêmes pour les deux ions, il se trouve donc que :

$$\frac{a_{CA_{(\alpha)}}}{a_{CA_{(\beta)}}} = \exp\frac{1}{2RT}(\mu^{\theta,\beta}_{C^+} - \mu^{\theta,\alpha}_{C^+} + \mu^{\theta,\beta}_{A^-} - \mu^{\theta,\alpha}_{A^-}) \qquad (1.9)$$

Si on tient compte de la conservation de la matière et de la neutralité de charge, il est possible d'appliquer le potentiel de Nernst aux réactions se déroulant à l'interface liquide|liquide.

2.1) Le potentiel de Nernst

Le potentiel interne étant constant au sein d'une phase, la différence de potentiel entre deux phases en contact, α et β, a lieu dans la région interfaciale. Pour tout ion i distribué dans les deux phases :

$$\phi^\beta - \phi^\alpha = \frac{1}{z_i F}(\mu_i^{\theta,\alpha} - \mu_i^{\theta,\beta} + RT \ln \frac{a_{i(\alpha)}}{a_{i(\beta)}}) = \phi^{\theta,\beta} - \phi^{\theta,\alpha} + \frac{RT}{z_i F} \ln \frac{a_{i(\alpha)}}{a_{i(\beta)}} \qquad (1.10)$$

et la relation décrivant la différence de potentiel de Galvani entre les deux phases est :

$$\Delta_\alpha^\beta \phi^\theta = \phi^{\theta,\beta} - \phi^{\theta,\alpha} = \frac{\mu_i^{\theta,\alpha} - \mu_i^{\theta,\beta}}{z_i F} = -\frac{\Delta_\alpha^\beta G_{tr,i}^\theta}{z_i F} \qquad (1.11)$$

où $\Delta_\alpha^\beta G_{tr,i}^\theta$ est l'énergie standard de transfert de Gibbs de l'espèce i d'une phase vers une autre.

L'énergie standard de transfert de Gibbs de i est égale à la différence des énergies standard de Gibbs de solvatation dans chacune des phases. Le concept d'équilibre, présume que les solvants sont en contact, et saturés mutuellement. Par conséquent, avant d'entreprendre tout calcul, il est nécessaire de vérifier si les valeurs données sont obtenues à partir du solvant pur ou à partir des solvants mutuellement saturés.

2.2) Energies standard de transfert de Gibbs d'un ion

Le potentiel chimique d'un ion *i* dans une solution est défini par rapport à un état standard ou plus précisément par rapport à un état de référence (exemple à dilution infinie) :

$$\mu_i = \mu_i^\theta + z_i RT \ln a_i \qquad (1.12)$$

où μ_i^θ est le potentiel chimique standard et a_i l'activité de l'espèce *i* dans la phase considérée. Cependant, si on considère l'équilibre du sel MX ;

$$(M^+ + X^-)_\alpha \quad \rightleftarrows \quad (M^+ + X^-)_\beta \qquad (1.13)$$

L'énergie standard de Gibbs de cet équilibre, qui représente l'énergie standard de Gibbs de transfert du sel MX de α à β, $\Delta_\alpha^\beta G_{tr,MX}^\theta$, est donnée par la relation :

$$\Delta_\alpha^\beta G_{tr,MX}^\theta = (\mu_{M^+}^{\theta,\beta} + \mu_{X^-}^{\theta,\beta}) - (\mu_{M^+}^{\theta,\alpha} + \mu_{X^-}^{\theta,\alpha}) \qquad (1.14)$$

$\Delta_\alpha^\beta G_{tr,MX}^\theta$ est une quantité thermodynamiquement mesurable qui représente la différence d'énergie de solvatation de MX entre les phases α et β. Elle est généralement considérée comme la somme des énergies de Gibbs de transfert du cation $\Delta_\alpha^\beta G_{tr,M^+}^\theta$ et de l'anion $\Delta_\alpha^\beta G_{tr,X^-}^\theta$;

$$\Delta_\alpha^\beta G_{tr,MX}^\theta = \Delta_\alpha^\beta G_{tr,M^+}^\theta + \Delta_\alpha^\beta G_{tr,X^-}^\theta \qquad (1.15)$$

Et l'énergie standard de Gibbs pour le transfert de l'ion *i* est définie par :

$$\Delta_\alpha^\beta G_{tr,i}^\theta = \mu_i^{\theta,\beta} - \mu_i^{\theta,\alpha} \qquad (1.16)$$

L'influence du solvant sur l'espèce ionique *i* est incluse dans le potentiel chimique standard μ_i^θ.

Il n'est pas possible de mesurer l'énergie de transfert d'un ion isolé. Le recours à une hypothèse extra thermodynamique est nécessaire pour séparer la contribution de chacun des ions à l'énergie de transfert d'un sel. Plusieurs hypothèses ont été formulées[88], les principales étant :

a) L'hypothèse de Pleskov, basée sur l'égalité de l'énergie de solvatation d'un ion monovalent, volumineux dans différents solvants[89] :

$$\Delta G_t(Rb^+) = 0 \qquad (1.17)$$

b) Celle de Strehlow admettant l'égalité de l'énergie de solvatation des deux formes d'un couple redox[90] ;

$$\Delta G_{solvatation}(ferrocène) = \Delta G_{solvatation}(ferricinium) \qquad (1.18)$$

c) Celle de Grunwald qui admet l'égalité d'énergie de solvatation du cation et de l'anion du tétraphénylborate de tétraphenyl arsonium[91];

$$\Delta G_{solvatation}(TPAs^+) = \Delta G_{solvatation}(TPB^-) = \frac{1}{2}\Delta G_{solvatation}(TPAs^+ + TPB^-) \qquad (1.19)$$

Cette dernière hypothèse est très couramment utilisée lors des études physico-chimiques des solutions d'électrolytes ; c'est celle que nous adopterons dans la suite de ce travail.

3) Polarisation aux interfaces liquide|liquide

3.1) Interface non polarisable

Lorsqu'un échange d'ions a lieu naturellement à une ITIES, c'est-à-dire n'étant pas la conséquence de l'influence d'une source externe quelconque, l'interface est dite idéalement non polarisable. Soit le cas des ITIES utilisant un électrolyte binaire 1:1 commun aux deux phases, soit CA dissociable en une espèce cationique C^+ et une espèce anionique A^-. L'équation de Nernst peut être écrite pour les deux espèces ioniques de la façon suivante :

$$\Delta_\alpha^\beta \phi = \Delta_\alpha^\beta \phi_{C^+}^\theta + \frac{RT}{F}\ln\left(\frac{a_{C^+(\alpha)}}{a_{C^+(\beta)}}\right) \qquad (1.20)$$

$$\Delta_\alpha^\beta \phi = \Delta_\alpha^\beta \phi_{A^-}^\theta + \frac{RT}{F}\ln\left(\frac{a_{A^-(\alpha)}}{a_{A^-(\beta)}}\right) \qquad (1.21)$$

Etant donné que les concentrations en espèces anioniques et cationiques sont égales, l'expression de la différence de potentiel de Galvani s'en trouve simplifiée.

Il apparaît donc que quelque soit la concentration en électrolyte support, $\Delta_\alpha^\beta \phi$ n'est fonction que des potentiels standard de transfert des deux espèces chargées C^+ et A^-. Seules les caractéristiques normales du système électrochimique considéré, c'est-à-dire pour ses constituants pris dans les conditions normales, ont une influence sur le potentiel interfacial. On nomme l'interface ainsi caractérisée une interface « non polarisable » dont le potentiel ne varie pas sous l'effet du passage du courant.

Il en est de même pour les cellules électrochimiques employant deux électrolytes supports ayant un ion en commun. Soient CA_1 le sel support 1:1 de la phase aqueuse et CA_2 son équivalent organique. Contrairement à l'espèce C^+, les espèces A_1^- et A_2^- sont suffisamment hydrophiles et hydrophobes, respectivement, pour ne pas pouvoir migrer aisément à travers l'interface. Ces propriétés peuvent être décrites par :

$$\Delta_\alpha^\beta \phi^\theta_{A_2^-} \gg 0 \quad et \quad \Delta_\alpha^\beta \phi^\theta_{A_1^-} \ll 0 \tag{1.22}$$

$$\Delta_\alpha^\beta \phi^\theta_{A_1^-} \ll \Delta_\alpha^\beta \phi^\theta_{C^+} \ll \Delta_\alpha^\beta \phi^\theta_{A_2^-} \tag{1.23}$$

Dans ce cas-là, les activités de l'espèce C^+ fixeront la différence de potentiel de Galvani à l'interface et l'équation de Nernst pourra s'écrire :

$$\Delta_\alpha^\beta \phi = \Delta_\alpha^\beta \phi^\theta_{C^+} + \frac{RT}{F} \ln\left(\frac{a_{C^+(\alpha)}}{a_{C^+(\beta)}}\right) \tag{1.24}$$

Contrairement au cas précédent, une variation de la concentration de C^+ peut modifier $\Delta_\alpha^\beta \phi$.

Dans les deux exemples présentés ci-dessus, le passage d'espèces chargées à travers l'interface rend la phase d'arrivée inversement polarisée par rapport à la phase de départ.

3.2) Interface polarisable

Supposons un système constitué de deux solvants immiscibles, α et β, dans lesquels sont dissous respectivement des électrolytes C_1A_1 et C_2A_2.

$ER_1 \mid C_1A_1 \ (\beta) \mid C_2A_2 \ (\alpha) \mid ER_2$

où ER_1 et ER_2 sont les électrodes de référence permettant de mesurer la différence de potentiel, C_1A_1 et C_2A_2 des électrolytes supports (1:1) dans les phases β et α entre lesquelles est établie l'interface liquide|liquide. Il est supposé que ces sels sont totalement dissociés dans chaque solvant. Dans ce système, le sel C_1A_1 est fortement hydrophile alors que le sel C_2A_2 est fortement hydrophobe, ce qui se traduit en termes de potentiels standard de transfert par :

$$\Delta_\alpha^\beta \phi^o_{C_1^+} \gg 0 \quad et \quad \Delta_\alpha^\beta \phi^o_{A_1^-} \ll 0 \tag{1.25}$$

$$\Delta_\alpha^\beta \phi^o_{C_2^+} \ll 0 \quad et \quad \Delta_\alpha^\beta \phi^o_{A_2^-} \gg 0 \tag{1.26}$$

Chaque espèce ionique reste dans sa phase d'origine et son activité dans l'autre phase est très faible. $\Delta_\alpha^\beta \phi$ sera contrôlé par la charge électrique présente dans la double couche électrochimique formée qui se comporte comme une capacité. Une ITIES « polarisée » est donc définie par l'absence d'échange d'ions, et par conséquent de courant, entre les deux phases. L'équilibre qui s'établit à une ITIES idéalement polarisable n'est donc pas chimique, mais purement électrostatique. La détermination du potentiel d' « équilibre » d'une telle interface est seulement superficielle.

La variation de charge électrique à l'interface, qui va permettre de contrôler $\Delta_\alpha^\beta \phi$, peut être appliquée à l'aide d'une source externe comme c'est le cas pour les électrodes solides plongées dans une solution conductrice.

L'interface polarisable peut donc être utilisée pour les études de double couche formée à l'interface ou comme un outil pour les investigations des ions dont le potentiel de transfert se situe dans les limites de la fenêtre de potentiel. Par conséquent, il est souhaitable de choisir comme électrolytes supports un sel véritablement hydrophobe pour la phase non aqueuse et un sel hydrophile pour la phase aqueuse. Un sel typique utilisé dans la phase non aqueuse est le tétraphenylborate de tétrabutylammonium ou tétraphenylborate de tétraphenylarsonium ; un exemple de sel pour la phase aqueuse est le chlorure de lithium.

4) Transfert de charge à une interface liquide|liquide

Deux différents types de transfert de charges à travers une interface de deux solutions électrolytiques immiscibles peuvent se produire : (i) le transfert d'ions d'une phase à une autre, ou (ii) le transfert d'électron quand un couple redox présent dans une phase échange l'électron avec un autre couple redox présent dans l'autre phase. Ces deux phénomènes ont été étudiés expérimentalement au moyen de différentes méthodes électrochimiques.

4.1) Etude du transfert d'ions à l'aide de l'électrode à film organique (EFO)

Une électrode à film organique est constituée d'un film de solvant (O) déposé à la surface d'une électrode solide (graphite) mise en contact d'une solution aqueuse (E). Un composé moléculaire oxydable (Red), dissous dans le solvant, s'oxydera en une étape monoélectronique pour générer un cation Ox. Pour maintenir l'électroneutralité dans le film, un anion A^- provenant de l'électrolyte C^+A^- de la phase aqueuse passera dans la couche organique :

$$\text{Red}_{(O)} + A^-_{(E)} \rightleftharpoons Ox_{(O)} + A^-_{(O)} + e^- \qquad (1.27)$$

Le traitement thermodynamique appliqué à la réaction (1.27) conduit à l'équation (1.28), sous forme de l'équation de Nernst :

$$E = E^\theta_{Ox_{(O)}/\text{Red}_{(O)}} + \Delta^O_E \phi^\theta_{A^-} + \frac{RT}{F} \ln \frac{a_{Ox_{(O)}} a_{A^-_{(O)}}}{a_{\text{Red}_{(O)}} a_{A^-_{(E)}}} \qquad (1.28)$$

Dans l'équation (1.28) E est le potentiel appliqué entre les électrodes de graphite et de référence, $E^\theta_{Ox_{(O)}/\text{Red}_{(O)}}$ est le potentiel standard du couple redox Ox/Red présent dans le solvant organique, $\Delta^O_E \phi^\theta_{A^-}$ est le potentiel standard de transfert de l'anion de la phase aqueuse vers la phase organique, $a_{i_{(L)}}$ est l'activité de l'espèce i

dans le liquide L (O ou E). En première approximation, les activités dans l'équation de Nernst seront remplacées par les concentrations. Etant donné que la concentration des anions de la phase aqueuse est très élevée par rapport à celle du couple redox dans la phase organique, l'équation (1.28) peut être réécrite :

$$E = E^{\theta}_{Ox_{(o)}/Red_{(o)}} + \Delta^{O}_{E}\phi^{\theta}_{A^-} - \frac{RT}{F}\ln c_{A^-_{(E)}} + \frac{RT}{F}\ln \frac{c_{Ox_{(o)}} c_{A^-_{(o)}}}{c_{Red_{(o)}}} \qquad (1.29)$$

L'électroneutralité dans la phase organique impose que :

$$c_{Ox_{(O)}} = c_{A^-_{(O)}} \qquad (1.30)$$

La loi de la conservation de masse appliquée à la phase organique impose :

$$c_{Red_{(O)}} + c_{Ox_{(O)}} = c^{*}_{Red_{(O)}} \qquad (1.31)$$

expression dans laquelle $c^{*}_{Red_{(O)}}$ est la concentration initiale de l'espèce oxydable introduite dans la phase organique. Le potentiel appliqué est égal au potentiel formel du couple redox présent dans le milieu organique, lorsque :

$$c_{Red_{(O)}} = c_{Ox_{(O)}} \qquad (1.32)$$

Le potentiel formel $E^{\theta'}$ du système :

$$E^{\theta'} = E^{\theta}_{Ox_{(O)}/Red_{(O)}} + \Delta^{O}_{E}\phi^{\theta}_{A^-} - \frac{RT}{F}\ln c_{A^-_{(E)}} + \frac{RT}{F}\ln \frac{c^{*}_{Red_{(O)}}}{2} \qquad (1.33)$$

peut être déterminé par voltammétrie cyclique. L'équation (1.33) montre que le potentiel formel dépend de la nature de l'anion de la phase aqueuse. Plus l'anion est lipophile, plus la valeur $\Delta^{O}_{E}\phi^{\theta}_{A^-}$ est négative et par conséquent, l'oxydation de l'espèce *Red* se produira à des valeurs faibles de potentiel.

Lorsque le composé de la phase organique est réductible :

$$Ox_{(O)} + C^+_{(E)} + e^- \rightleftarrows \text{Red}_{(O)} + C^+_{(O)} \tag{1.34}$$

le potentiel de l'électrode est donné par la relation (1.35) :

$$E^{\theta'} = E^{\theta}_{Ox_{(O)}/\text{Red}_{(O)}} + \Delta^O_E \phi^{\theta}_{C^+} + \frac{RT}{F}\ln c_{C^+_{(E)}} + \frac{RT}{F}\ln \frac{2}{c^*_{Ox_{(O)}}} \tag{1.35}$$

Plus lipophile est le cation, plus élevé est $\Delta^O_E \phi^{\theta}_{C^+}$. Par conséquent, la réduction de l'espèce *Ox* présent dans la phase organique, s'effectuera à des potentiels d'autant plus positifs que la lipophilicité des cations de la phase aqueuse sera élevée. Le potentiel formel du couple redox de la phase aqueuse se déplacera de 59 mV vers les potentiels anodiques, quand la concentration des cations transférés de la solution aqueuse augmentera d'un facteur 10.

Les équations (1.33) et (1.35) permettent de calculer les potentiels standard de transfert d'anions et de cations, $\Delta^O_E \phi^{\theta}_{A^-}$ et $\Delta^O_E \phi^{\theta}_{C^+}$, et par conséquent d'estimer les énergies de Gibbs de transfert des ions de la phase aqueuse vers la phase organique.

Pour calculer les énergies de Gibbs de transfert des ions, différentes hypothèses extrathermodynamiques ont été avancées comme cela a été détaillé auparavant. Celle que nous utiliserons tout au long de ce mémoire est basée sur l'égalité des enthalpies de transfert du tétraphenylborate et du tétraphénylarsonium.

4.2) Transfert d'électron

Si on considère un système redox *Ox₁/Red₁* dans la phase aqueuse (E) en contact avec une phase organique (O) non miscible contenant le couple redox *Ox₂/Red₂*, la réaction résultante du transfert d'électron à l'interface liquide|liquide est :

$$n_2 Ox_{1(E)} + n_1 \operatorname{Red}_{2(O)} \rightleftarrows n_2 \operatorname{Red}_{1(E)} + n_1 Ox_{2(O)} \qquad (1.36)$$

L'équation de Nernst associée à la réaction (1.36) est :

$$\phi^E - \phi^O = \Delta_O^E \phi = \Delta_O^E \phi_{Ox_1/\operatorname{Red}_2} + \frac{RT}{n_1 n_2 F} \ln\left(\frac{a_{\operatorname{Red}_1}^{n_2} a_{Ox_2}^{n_1}}{a_{Ox_1}^{n_2} a_{\operatorname{Red}_2}^{n_1}} \right) \qquad (1.37)$$

où n_1 et n_2 sont les nombres d'électrons relatifs aux couples redox 1 et 2. Le potentiel standard de la réaction est :

$$\Delta_O^E \phi_{Ox_1/\operatorname{Red}_2}^{\theta} = E_{Ox_{2(O)}/\operatorname{Red}_{2(O)}}^{\theta} - E_{Ox_{1(E)}/\operatorname{Red}_{1(E)}}^{\theta} \qquad (1.38)$$

Les potentiels standards dans les milieux aqueux sont généralement connus et le potentiel du couple dans la phase organique est relié à son potentiel en phase aqueuse par la relation :

$$E_{Ox_{2(O)}/\operatorname{Red}_{2(O)}}^{\theta} = E_{Ox_{2(E)}/\operatorname{Red}_{2(E)}}^{\theta} + \frac{\Delta_O^E G_{t,Ox_2}^{\theta} - \Delta_O^E G_{t,\operatorname{Red}_2}^{\theta}}{n_2 F} \qquad (1.39)$$

où $\Delta_O^E G_{t,X}^{\theta}$ est l'énergie libre de transfert de l'espèce X du milieu aqueux vers le milieu organique.

Dans les systèmes liquide|liquide il faut tenir compte des cinq paramètres, les concentrations des quatre espèces et la différence de potentiel de Galvani. Le nombre de conditions restrictives est de trois, la conservation des masses dans chacune des deux phases et l'équation de Nernst. Le nombre de degré de liberté est donc égal à deux. Si l'une des espèces impliquées se partage entre les deux phases, elle apporte une condition restrictive supplémentaire, l'équilibre de partage, si bien que le nombre de degrés de liberté devient égal à un.

En l'absence de phénomène de partage, il est possible de faire varier indépendamment deux paramètres, ce qui a une conséquence pratique très intéressante. La réaction entre les couples redox des deux phases non miscibles n'aura pas forcément lieu, ceci dépendra de la valeur du potentiel interfacial :

$$\Delta_E^O \phi^\theta = \left(E^\theta_{Ox_{1(E)}/Red_{1(E)}} - E^\theta_{Ox_{2(O)}/Red_{2(O)}} \right) \tag{1.40}$$

Ces deux potentiels sont évalués sur une même échelle de potentiel.

L'interface entre deux liquides électrolytiques non miscible (ITIES) est un modèle simple pour l'étude des réactions de transfert d'électron se produisant dans un environnement hétérogène, étant donné que le potentiel électrique interfacial peut être contrôlé extérieurement par un choix judicieux des électrolytes et de leur concentration dans chacune des phases. Très peu d'études expérimentales du transfert d'électron à l'interface liquide|liquide ont été réalisées. L'une des raisons principales est la difficulté de trouver un système où l'un des réactifs participant à la réaction (1.36) ne diffuse pas à travers l'interface, car dans une telle situation il y a simultanément transfert de l'électron et d'un ion.

Le premier travail signalé dans ce domaine est celui de Guainazzi et al[92] qui ont appliqué un courant constant au système $CuSO_4$(aq), hexacarbonyl-vanadate de tétrabutylammonium dans le 1,2-dichoroéthane, obtenant ainsi une couche de cuivre métallique à l'interface. La seconde contribution est celle du groupe de Samec à Prague qui a publié une série d'articles[55, 93-96] sur l'oxydation du ferrocène dans le nitrobenzène par les ions hexacyanoferrate (III) dans le milieu aqueux. Ces études sont cependant complexes à cause de l'instabilité chimique du cation férricinium et de son transfert vers la phase aqueuse.

Geblewicz et Schiffrin[97] ont étudié le système où la phase aqueuse contenant le couple redox $[Fe(CN)_6]^{3/4-}$ est au contact d'une solution de bisphtalocyanine de lutétium dans le 1,2-dichoroéthane. Dans ce cas aucun des réactifs ne traverse l'interface. La constante de vitesse du transfert d'électron du premier ordre est de l'ordre de 10^{-3} cm s^{-1}. Ces auteurs ont conclu que cette faible valeur est due au fait qu'il existe une grande distance entre les centres redox des différents systèmes redox situés de part et d'autre de l'interface.

Cunnane et al[98] ont remplacé le complexe de lutétium (III) par le complexe d'étain (IV) et démontré que la différence de potentiel de Galvani peut être ajustée en utilisant une source de voltage externe, ou en utilisant un ion (tétraéthyl ou tétrapropylammonium) dont le partage entre l'eau et le solvant est connu. Dans le dernier cas, quand l'équilibre est atteint, les concentrations des différents constituants sont analysées par spectroscopie ; les résultats obtenus sont en accord avec ceux obtenus par voltammétrie.

Kihara et al[99] ont utilisé la polarographie à une électrode à goutte tombante de solvant organique. Les couples redox utilisés dans la phase aqueuse sont quinone/hydroquinone, Q/QH$_2$, MnO$_4^-$/Mn^{2+}, Ce$^{4+/3+}$ et Fe$^{III/II}$ (sulfate ou chlorure des hexacyanoferrates). Les couples redox en phase organique sont le tétracyanoquinodiméthane (TCNQ), le ferrocène et le tétrathiafulvalène (TTF). Différentes combinaisons de ces couples ont été examinées et les potentiels de demi-pic calculés par la relation décrite par Samec[96]. La majorité de ces systèmes ont un comportement réversible à l'interface liquide|liquide. Il ne faut cependant pas négliger les éventuelles propriétés redox des électrolytes des deux phases ; à titre d'exemple, le tétraphenylborate, souvent utilisé comme électrolyte dans les phases organiques est oxydé par le permanganate présent dans la phase aqueuse en contact. Comme nous l'avons signalé, on doit prendre garde à la possibilité d'un transfert d'ion simultané[100, 101]. La plupart des expériences ont été réalisées par voltammétrie cyclique. Cependant Cheng et al[102] ont utilisé les mesures d'impédance.

Dans un certain nombre d'études[97, 98, 103], les résultats obtenus ont été comparés à la théorie du transfert de l'électron développée par Marcus[104-107].

Cheng et Schiffrin[108] ont déposé une monocouche de phospholipide à l'interface eau|1,2-dichloroéthane et ont constaté son effet inhibiteur sur le transfert de l'électron[98, 103]. Ils ont cependant montré que lorsque le couple redox en phase organique est TCNQ/TCNQ⁻ le transfert d'électron a lieu, il est cependant lent, ceci résulte de l'insertion de quelques molécules de TCNQ au sein de la couche phospholipidique adsorbée.

Très récemment Cunnane et al[109] ont axé leurs investigations sur le mécanisme couplé du transfert d'électron dans le système ferrocène-hexaferrocyanate, en utilisant les dérivés substitués du ferrocène pour augmenter l'hydrophobicité du cation ferricinium.

Girault et Schiffrin[67] ont modélisé la réaction de transfert de l'électron en utilisant le formalisme développé initialement par Sutin[110]. Ils ont conclu que les mesures de la cinétique et du transfert d'électron devraient être réalisées à une interface liquide|liquide non chargée pour que les divers couples puissent être comparés et valablement utilisés pour la vérification de la théorie de Marcus[105-107].

Conclusion

L'information bibliographique révèle que les difficultés rencontrées encore actuellement dans l'étude des réactions de transfert de l'électron aux interfaces liquide|liquide résultent de l'incertitude sur la détermination des énergies de Gibbs de transfert des ions : c'est pourquoi la présente étude est centrée sur l'utilisation d'une électrode à film de liquide organique pour l'étude des transferts de charge interfaciaux et pour des applications électroanalytiques.

Chapitre 2

COMPORTEMENT REDOX DE LA BISPHTALOCYANINE DE LUTETIUM A L'INTERFACE LIQUIDE|LIQUIDE

Introduction

Les bisphtalocyanines de lutétium ont fait l'objet de très nombreuses recherches. Ces complexes ont la réputation d'être stables chimiquement. Les phtalocyanines sont des macrocycles, riches en électrons π, donneurs et également accepteurs d'électrons : il en résulte des propriétés optiques et électriques particulières. Ces caractéristiques justifient de nombreux travaux qui leur ont été consacrés, visant à exploiter leurs propriétés dans les domaines aussi variés que l'électrochromisme, l'électronique moléculaire, l'électrochimie, l'optoélectronique et la photothérapie, pour n'en citer que quelques unes.

C'est en 1934, que Linstead[111] a synthétisé, caractérisé et nommé la première phtalocyanine (« phtal » pour ce dérivé de l'acide phtalique et « cyanos » pour la couleur bleue de la majorité de ces composés). Il a ensuite poursuivi l'étude des complexes que ces macrocycles forment avec les ions des métaux alcalins, alcalino-terreux ; par exemple $Li_2[Pc]$; $Mg[Pc]$.

En 1936, la première bisphtalocyanine, celle de l'étain $Sn[Pc]_2$, a été synthétisée par l'équipe de Linstead. L'étain, au dégré d'oxydation IV, est en sandwich entre deux macrocycles phtalocyanines Pc^{2-}. En 1965, Kirin et Moskalev[112] isolèrent pour la première fois la bisphtalocyanine de lutétium. Ensuite d'autres bisphtalocyanines des lanthanides et des actinides furent synthétisées. La détermination de la formule du complexe ne fut pas aussi aisée que dans le cas de la bisphtalocyanine d'étain.

Un certain nombre d'études concernant les bisphtalocyanines de lutétium ont été centrées sur la caractérisation des propriétés électrochromiques de ces composés.

Parmi les bisphtalocyanines, celles de lutétium (figure 2.1) ont une place particulière du fait des propriétés particulières que leur confère la présence d'un électron célibataire délocalisé sur l'ensemble de la molécule. C'est une molécule qui est facilement oxydable et réductible. Pour cette raison principale, nous nous sommes intéressés à son comportement électrochimique en milieu organique et à une interface liquide|liquide afin d'accéder aux données thermodynamiques importantes pour l'étude des mécanismes et de la cinétique des réactions de transfert des ions d'un milieu vers un autre, réactions qui accompagnent les changements d'état d'oxydation ou de réduction de la bisphtalocyanine de lutétium.

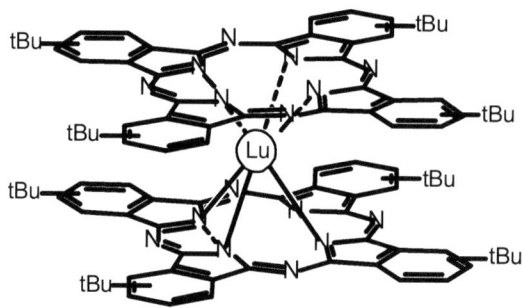

Figure 2.1 : La bis(tetra-tert-butylphtalocyaninato) lutétium(III)   (LBPC)

1) Comportement électrochimique de bisphtalocyanines en milieu organique

La bisphtalocyanine de lutétium, Lu[Pc]$_2$, peut donner et accepter réversiblement un grand nombre d'électrons selon des étapes monoélectroniques, chaque état redox ayant une couleur spécifique ; ce matériau est électrochrome et a fait l'objet de nombreuses études parmi lesquelles on peut citer les travaux de Kirin et Moskalev[113]. Si la forme neutre, le premier état réduit et le premier état oxydé de la Lu[Pc]$_2$ sont stables, ce n'est pas le cas des autres états redox, beaucoup plus réactifs ; leur observation a par conséquent été réalisée par spectroélectrochimie. La figure 2.2 représente le voltammogramme cyclique de Lu[Pc]$_2$ en solution dans le dichlorométhane et sous atmosphère inerte[3, 114]. Le schéma 2.1 illustre les sept échanges réversibles monoélectroniques mis en évidence par spectroélectrochimie, ainsi que les couleurs des composés ; divers solvants ont été utilisés pour couvrir un domaine de potentiels aussi large que possible.

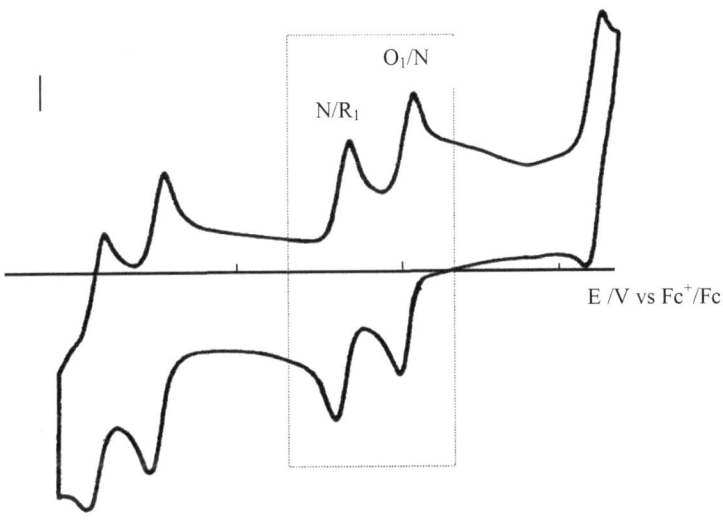

Figure 2.2 : Voltammétrie cyclique de $Lu[Pc]_2$ en solution dans le dichlorométhane[1, 2].
N = forme neutre, O_1 = 1er état oxydé, R_1 = 1er état réduit

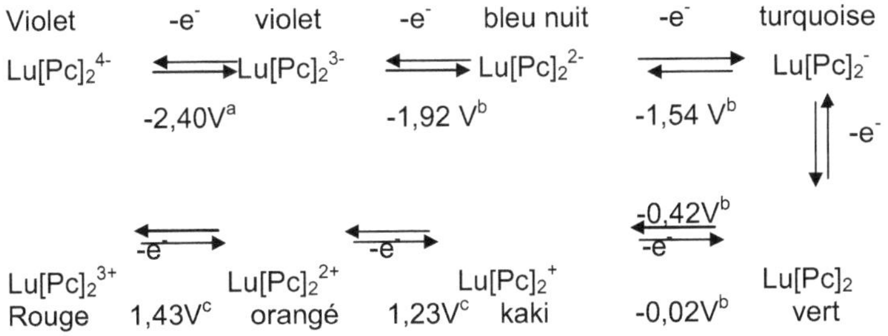

$$\begin{array}{ccccccc}
\text{Violet} & \xrightarrow{-e^-} & \text{violet} & \xrightarrow{-e^-} & \text{bleu nuit} & \xrightarrow{-e^-} & \text{turquoise} \\
Lu[Pc]_2^{4-} & \rightleftarrows & Lu[Pc]_2^{3-} & \rightleftarrows & Lu[Pc]_2^{2-} & \rightleftarrows & Lu[Pc]_2^{-} \\
& -2{,}40V^a & & -1{,}92\ V^b & & -1{,}54\ V^b &
\end{array}$$

Schéma 2.1 : Etats redox et couleurs associées de $Lu[Pc]_2$[3].
E / V vs Fc^+/Fc. a : DMF, b : CH_2Cl_2, c : C_6H_6CN.

Les échanges électroniques impliquent uniquement les orbitales π des macrocycles conjugués, le lutétium conservant son degré d'oxydation III. Parmi les complexes des lanthanides, seul le cérium fait exception, on peut en effet observer l'échange Ce^{III}/Ce^{IV}[115].

Les propriétés électrochimiques des bisphtalocyanines de lanthanides, tout comme les propriétés UV-visible sont directement liées à leur structure électronique.

2) Etude du comportement électrochimique de bisphtalocynanines de lutétium à une interface de deux liquides non miscibles

En nous appuyant sur la méthode d'analyse développée par Anson et ses collaborateurs[74-78](figure 1.3), nous avons examiné l'effet de la nature des électrolytes supports présents dans les phases en contact sur la réponse électrochimique de la bisphtalocynanine de lutétium. Une mince couche de solvant organique, le nitrobenzène ($\varepsilon = 35,6$) très peu volatil et faiblement miscible à l'eau dans lequel est dissous la bisphtalocyanine de lutétium (III) (LBPC), est déposée à la surface d'une électrode de graphite (EPG). L'électrode ainsi modifiée est mise au contact d'une solution aqueuse. Pour mieux aborder l'étude du transfert électronique de LBPC à une électrode modifiée par un film de liquide organique, nous allons décrire le processus d'échange d'électron entre l'électrode solide EPG et LBPC dans un tel environnement.

2.1) Mécanisme de la réaction redox à une électrode modifiée par un film de nitrobenzène

Le mécanisme d'oxydation ou de réduction de la bisphtalocyanine de lutétium à une électrode modifiée par un film de nitrobenzène est en principe différent de celui décrit à une électrode solide. En effet, à une électrode modifiée par un film organique, l'échange d'électron entre l'électrode de graphite et la LBPC crée un déficit de charge dans le film organique. Pour assurer la neutralité électrique dans le liquide organique, il faut un apport de charge supplémentaire. La figure 2.3 illustre la situation dans laquelle l'espèce électroactive dissoute dans le solvant organique est oxydée et accompagnée par un transfert simultané d'ion de la phase aqueuse vers la phase organique et inversement.

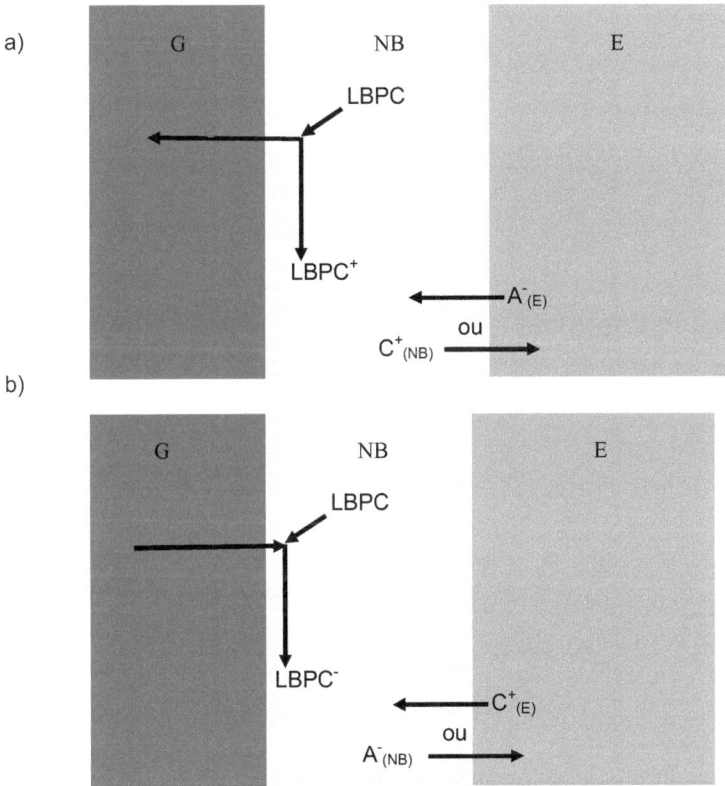

Figure 2.3 : représentation schématique des réactions possibles lors de l'oxydation (a) ou de la réduction (b) LBPC à une EFO.

Les systèmes redox de LBPC présents dans le film de liquide organique sont dépendants de la nature de l'électrolyte présent dans la solution aqueuse. Le mécanisme est pour la réduction :

$$LBPC_{(NB)} + 1e^- + C^+_{(E)} \rightleftarrows LBPC^-_{(NB)} + C^+_{(NB)} \quad (2.1)$$

ou

$$LBPC_{(NB)} + 1e^- + A^-_{(NB)} \rightleftarrows LBPC^-_{(NB)} + A^-_{(NB)} \quad (2.2)$$

et pour l'oxydation :

$$LBPC_{(NB)} - 1e^- + A^-_{(E)} \rightleftarrows LBPC^+_{(NB)} + A^-_{(NB)} \quad (2.3)$$

ou

$$LBPC_{(NB)} - 1e^- + C^+_{(NB)} \rightleftarrows LBPC^+_{(NB)} + C^+_{(E)} \quad (2.4)$$

A titre d'exemple, le potentiel associé à la réaction (2.1) est :

$$E = E^\theta_{LBPC_{(NB)}/LBPC^-_{(NB)}} + \Delta^{NB}_E \phi^\theta_{C^+} + \frac{RT}{zF} \ln \frac{a_{LBPC_{(NB)}} a_{C^+_{(E)}}}{a_{LBPC^-_{(NB)}} a_{C^+_{(NB)}}} \quad (2.5)$$

et à la réaction (2.3) :

$$E = E^\theta_{LBPC^+_{(NB)}/LBPC_{(NB)}} + \Delta^{NB}_E \phi^\theta_{A^-} + \frac{RT}{F} \ln \frac{a_{LBPC^+_{(NB)}} a_{A^-_{(NB)}}}{a_{LBPC_{(NB)}} a_{A^-_{(E)}}} \quad (2.6)$$

$E^\theta_{LBPC_{(NB)}/LBPC^-_{(NB)}}$ et $E^\theta_{LBPC^+_{(NB)}/LBPC_{(NB)}}$ sont respectivement les potentiels standard des couple redox LBPC/LBPC⁻ et LBPC⁺/LBPC , $\Delta^{NB}_E \phi^\theta_{C^+}$ le potentiel standard de transfert du cation C^+ de la phase aqueuse au nitrobenzène et z la charge de l'ion, $\Delta^{NB}_E \phi^\theta_{A^-}$ le potentiel standard de transfert de l'anion A^- de la phase aqueuse vers le nitrobenzène. L'électrolyte joue un rôle important dans le mécanisme d'oxydation ou de réduction de LBPC dissout dans le solvant organique. Nous allons montrer dans la suite que la théorie élaborée ci-dessus est en accord avec les résultats expérimentaux. A la différence des processus redox se déroulant en milieu homogène, où l'électrolyte support ne participe pas à la réaction redox, à une interface liquide|liquide le sel utilisé dans l'une ou l'autre phase participe au mécanisme d'oxydation et de réduction de LBPC.

2.2) Effets des électrolytes présents dans les deux phases

Dans le solvant organique les bisphtalocyanines de lutétium présentent plusieurs systèmes redox monoélectroniques et réversibles (figure 2.2). A une électrode modifiée par un film organique on est en droit d'observer ces mêmes systèmes, car l'oxydation ou la réduction a lieu sur les orbitales πdu macrocycle.

L'interface formée entre les deux solutions électrolytiques peut se comporter selon la nature des électrolytes choisis pour les phases aqueuse et organique soit comme une interface polarisable, soit comme une interface non polarisable. Le potentiel interfacial est fixé par le rapport des concentrations des ions présents dans chacune des phases.

2.2.1) Interface non polarisable

Dans un premier temps, nous allons nous placer dans les conditions d'une interface non polarisable, lorsque les deux électrolytes ont un ion commun. A cet effet, l'électrolyte support dissout dans la phase organique est le chlorure de tétrahexylammonium connu pour son caractère hydrophobe ; en milieu aqueux, le sel présent : le chlorure de lithium est fortement hydrophile ($\Delta_E^{NB} G_{Li^+} = 38,2\ kJ\ mol^{-1}, \Delta_E^{NB} G_{Cl^-} = 29,7\ kJ\ mol^{-1}$). Le signal électrochimique obtenu dans ces conditions opératoires est représenté à la figure 2.4 :

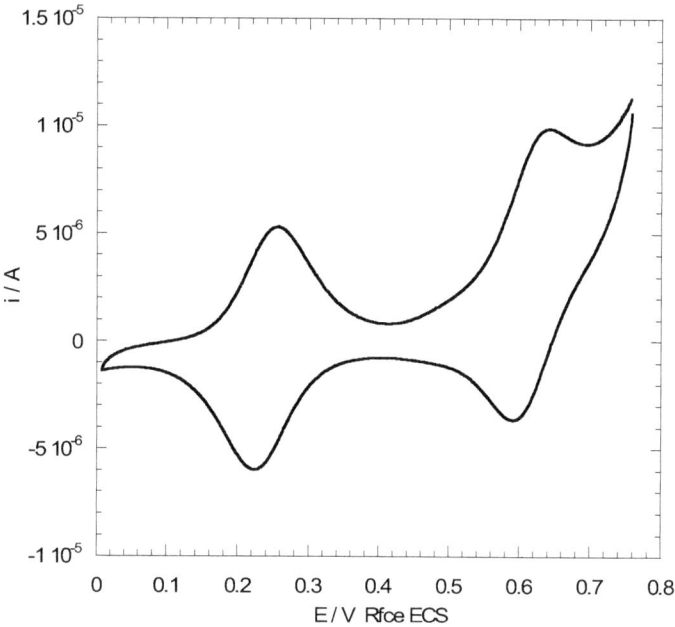

Figure 2.4 : Voltammogramme de LBPC (2,3 10^{-3} M) dans un film de nitrobenzène sur une électrode EPG
Electrolyte support dans le nitrobenzène : THACl (0,1M).
Electrolyte support dans l'eau : LiCl (0,1M).
$v = 5\ mV\ s^{-1}$

Ce voltammogramme présente deux systèmes redox réversibles. L'écart de potentiel entre les deux systèmes est de 0,38 V environ, proche de 0,4 V comme il est observé dans les solvants organiques. Le courant de pic est proportionnel à la racine carrée de la vitesse de balayage (figure 2.5). Le fait que cette droite ne passe pas par l'origine est dû vraisemblablement au courant résiduel et essentiellement à la valeur élevée du courant capacitif. Les courants de pic sont contrôlés par la diffusion.

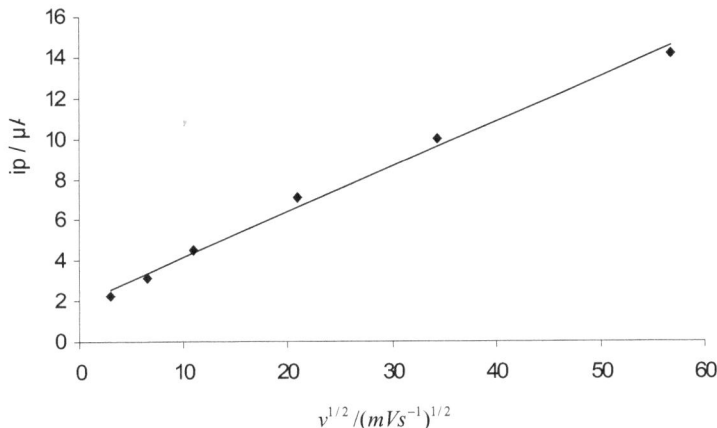

<u>Figure 2.5</u> : Intensité du pic du système d'oxydation de LBPC en fonction de la racine carrée de la vitesse de balayage.

Sur la base des résultats obtenus ci-dessus, on peut attribuer les deux systèmes redox observés en voltammétrie cyclique respectivement au premier système d'oxydation $E_{1/2} = 0,6\,V$, et au premier système de réduction, $E_{1/2} = 0,22\,V$ de LBPC. L'oxydation et la réduction sont des étapes monoélectroniques. Les potentiels de ces différents systèmes sont liés au potentiel interfacial des solutions électrolytiques immiscibles, potentiel fixé par la concentration des ions présents dans chacune des phases (équations (2.5) et (2.6)). En effet, lorsqu'on fait varier la concentration du chlorure de lithium (par exemple de 0,01 M à 0,1 M) dans le solvant aqueux, tout en fixant la concentration du sel chlorure de tétrahexylammonium de la phase organique, on remarque sur la figure 2.6 que les deux systèmes redox se déplacent ensemble de 60 mV/log environ vers les faibles potentiels, l'écart entre ces potentiels demeurant constant et égal à 0,38 V. De même si on fixe la concentration des ions chlorure du milieu aqueux et que l'on fait varier la concentration du chlorure de tétrahexylammonium dans le nitrobenzène, les potentiels se déplacent vers les valeurs plus élevés, l'écart entre ces potentiels demeurant proche de 0,4 V.

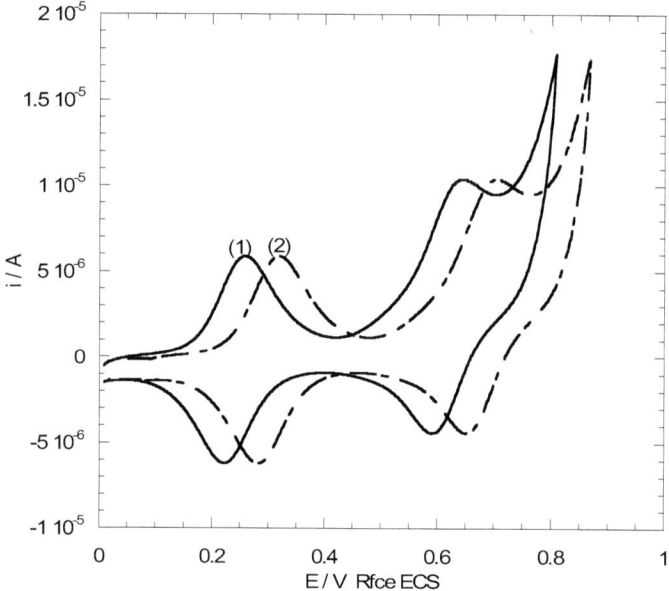

Figure 2.6 : Voltammogrammes de LBPC (2,3 10^{-3} M) dans un film de nitrobenzène, sur une électrode EPG.
(3) Dans le nitrobenzène : THACl (0,1 M) et dans l'eau : LiCl (0,1 M)
(4) Dans le nitrobenzène : THACl (0,1 M) et dans l'eau : de LiCl (0,01 M)
v = 5 mV s^{-1}.

Le potentiel interfacial peut aussi être fixé par le rapport des concentrations d'un même cation présent dans les phases en contact. Le voltammogramme cyclique de la figure 2.7 est obtenu dans le cas où le cation commun est le tétrabutylammonium, l'électrolyte de la phase organique est un sel lipophile, le tétraphénylborate ($\Delta_E^{NB}\phi_{TPB^-} = -36\ kJ\ mol^{-1}$), celui de la phase aqueuse étant l'hydrogénosulfate. Ce voltammogramme présente bien deux signaux redox réversibles apparaissant respectivement à $E_{\frac{1}{2}} = 0,47\,V$ et $E_{\frac{1}{2}} = 0,1\,V$. L'écart de potentiel entre ces systèmes redox est de 0,37 V.

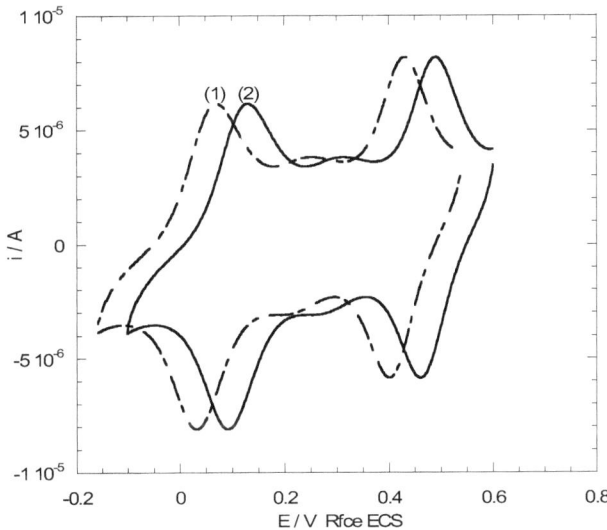

Figure 2.7 : Voltammogrammes de LBPC (2,3 10^{-3} M) dans un film de nitrobenzène, sur une électrode EPG.
(3) Dans le nitrobenzène ; TBATPB (0,1 M) et dans l'eau ; TBAHSO$_4$ (0,01 M)
(4) Dans le nitrobenzène ; TBATPB (0,1 M) et dans l'eau ; TBAHSO$_4$ (0, 1 M)
$v = 5\,mV\,s^{-1}$.

L'augmentation de la concentration de TBAHSO$_4$, ne modifie pas l'intensité des signaux électrochimiques observés, mais provoque un déplacement des systèmes vers les potentiels plus élevés de 58 mV/log.

Lors d'une étude similaire avec le décaméthylférrocène, Anson et ses collaborateurs[116-120] ont montré que le potentiel apparent du couple DMFc$^+$/DMFc varie également en fonction de la concentration de l'électrolyte support présent dans la phase aqueuse.

2.2.2) Interface polarisable

L'interface est polarisable, lorsque les sels dissous dans chaque phase n'ont aucun ion en commun ; par exemple lorsque l'électrolyte de la phase aqueuse est fortement hydrophile (chlorure de lithium par exemple) et l'électrolyte dans le solvant organique a un caractère hydrophobe marqué comme le tétraphénylborate de tétrabutylammonium. Dans le domaine exploré, le voltammogramme cyclique présente deux systèmes redox réversibles attribués respectivement à l'oxydation de LBPC (0,28 V) présent dans le film organique en LBPC$^+$ et à sa réduction (-0,12 V) en LBPC$^-$. L'écart de potentiel entre ces systèmes redox est voisin de 0,4 V.

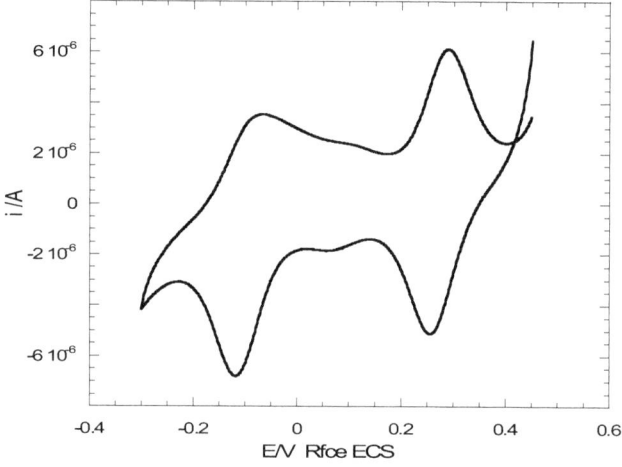

Figure 2.8 : Voltammogrammes de LBPC (2,3 10^{-3} M) dans un film de nitrobenzène sur une électrode EPG. Dans le nitrobenzène TBATPB (0,1M) et dans l'eau LiCl (0,1M). $v = 5\,mV\,s^{-1}$.

L'étude électrochimique est dans ce cas plus complexe car les échanges d'ions accompagnant l'oxydation et la réduction peuvent être différents. C'est le transfert d'ion le plus facile au plan énergétique qui assurera la compensation de la charge créée par la réaction à l'électrode solide. Selon l'enthalpie de Gibbs de transfert de l'ion impliqué, l'oxydation et la réduction seront plus ou moins affectées et la différence entre les deux potentiels pourra être différents de 0,4 V. A cet effet nous avons étudié l'influence des ions des électrolytes des phases aqueuse et organique.

2.3) Influence de l'électrolyte de la phase aqueuse

Les premières études entreprises par Anson et coll[69, 121-124], ont montré que la nature de l'électrolyte support présent dans la phase aqueuse a une influence considérable sur le comportement électrochimique du ferrocène à l'interface eau|nitrobenzène. On peut s'attendre aussi à ce que le comportement électrochimique de la LBPC à une électrode modifiée par un film de liquide organique, immergée dans l'eau dans laquelle est dissoute un électrolyte ayant un caractère hydrophile et/ou hydrophobe soit tributaire de la nature de cet électrolyte.

2.3.1) Electrolyte à la fois hydrophile et hydrophobe

Lorsqu'un électrolyte i, dissous dans l'eau a de l'affinité pour chacun des deux solvants, il se partage entre les deux phases, le coefficient de partage étant défini par la relation :

$$k_i = \frac{a_{i_{(NB)}}}{a_{i_{(E)}}} \tag{2.7}$$

où a est l'activité de cet ion dans la phase organique (NB), et aqueuse (E) Lorsque l'équilibre thermodynamique s'établit, le partage de cet ion est décrit par la relation :

$$\Delta_E^{NB}\phi = \Delta_E^E\phi_i^\theta + \frac{RT}{z_iF}\ln\left(\frac{a_{i_{(NB)}}}{a_{i_{(E)}}}\right) \qquad (2.8)$$

dans laquelle $\Delta_E^{NB}\phi$ est le potentiel interfacial, $\Delta_E^{NB}\phi_i^\theta$ le potentiel standard de transfert de cet ion de la phase aqueuse (*E*) vers le nitrobenzène (*NB*).

Au contact d'un film de nitrobenzène, dans des conditions favorables (réaction à l'électrode de l'espèce électroactive par exemple), les ions des sels de la phase aqueuse présentant un double caractère hydrophile et hydrophobe tels les ions picrates ($\Delta_E^{NB}\phi = -4,6\ kJ\ mol^{-1}$), perchlorates ($\Delta_E^{NB}\phi = 8\ kJ\ mol^{-1}$), tétraéthylammonium ($\Delta_E^{NB}\phi = 2,9\ kJ\ mol^{-1}$) se partagent entre les deux phases. La concentration en électrolyte de la phase aqueuse jouera un rôle important sur le comportement électrochimique de la bisphtalocyanine présent dans la phase organique.

Sur la figure 2.9 est représenté le voltammogramme obtenu pour une concentration en acide perchlorique dans la phase aqueuse variant de 2.10^{-3} M à 0,1 M. Lorsque la concentration de $HClO_4$ est inférieure à 0,1 M, le voltammogramme présente uniquement un seul système correspondant à l'oxydation de LBPC dans le nitrobenzène en une étape mono électronique. Ce système est quasi-réversible.

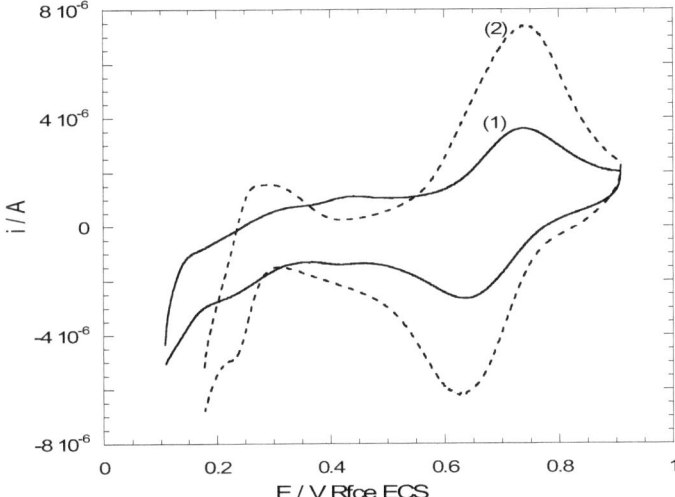

Figure 2.9: Voltammogrammes de LBPC (2,3 10^{-3} M) dans un film de nitrobenzène sur une électrode EPG.
(3) Dans le nitrobenzène : pas de sel et dans l'eau : $HClO_4$ (2 10^{-3} M).
(4) Dans le nitrobenzène : pas de sel et dans l'eau : $HClO_4$ (0,1 M).
v = 5 mV s^{-1}.

La forme du voltammogramme cyclique (figure2.9-(2)) laisse présager qu'il y a très peu d'électrolyte dans le nitrobenzène. En effet, lors de l'oxydation il se forme dans le microfilm une espèce positive LBPC$^+$; la neutralité électrique devant être respectée, il faut qu'il y ait une compensation de charge : cette dernière ne peut venir que de la phase aqueuse, étant donné que la phase organique ne contient pas de sel de fond. La réaction à l'électrode modifiée par le film de nitrobenzène est :

$$LBPC_{(NB)} + ClO_{4(E)}^- \rightleftarrows LBPC_{(NB)}^+ + ClO_{4(NB)}^- + 1e^- \qquad (2.9)$$

Nous n'observons presque pas le système de réduction, car d'après la représentation schématique proposée à la figure 2.3, la réduction de la LBPC à une électrode modifiée par le film de liquide organique doit s'accompagner du transfert d'un cation de l'eau vers le nitrobenzène, ou bien de l'expulsion d'un anion du nitrobenzène vers l'eau. Malgré le fait que l'anion perchlorate se partage ici entre les deux solvants en contact, il se retrouve très peu dans le nitrobenzène, sa concentration dans le nitrobenzène est inférieure à celle de LBPC dans ce milieu.

Un accroissement de la concentration de l'acide (0,1 à 1 M), et donc des ions perchlorate de la phase aqueuse, fait apparaître sur le voltammogramme un second système redox réversible (figure 2.10-(1)). Le potentiel du système attribué à l'oxydation de LBPC est déplacé d'environ 100 mV vers les potentiels positifs lorsque la concentration en acide passe de 0,1 M à 1 M, alors que ΔE_p (= $E_{pa} - E_{pc}$) pour ce système passe de 100 mV à 60 mV : il gagne donc en réversibilité. Le rapport d'intensité de pic de ce système est proche de l'unité. Ce déplacement vers les potentiels positifs du potentiel formel des systèmes redox de LBPC traduit comme nous l'avons déjà relevé le fait que la concentration en ion perchlorate est accrue dans le film de liquide organique et par conséquent modifie le potentiel du système (équation 2.5).

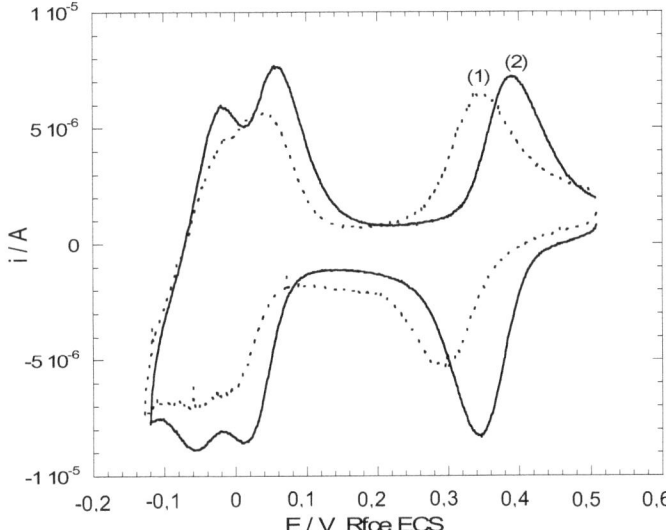

Figure 2.10: Voltammogrammes de LBPC (2,3 10^{-3} M) dans un film de nitrobenzène sur une électrode EPG.
(3) Dans le nitrobenzène : pas de sel et dans l'eau : $HClO_4$ (1 M).
(4) Dans le nitrobenzène : pas de sel et dans l'eau : $HClO_4$ (2 M).
$v = 5$ mV s^{-1}.

L'augmentation de la concentration en électrolyte de la phase aqueuse fait apparaître un deuxième signal redox réversible attribué à la réduction de LBPC, L'écart de potentiel de ces deux systèmes est voisin de 0,4V. Deux mécanismes peuvent être proposés pour cette réaction de réduction. Pour qu'il y ait compensation de charge dans le nitrobenzène :

- le proton peut être transféré de la phase aqueuse vers le solvant organique :

$$LBPC_{(NB)} + H^+_{(E)} + 1e^- \rightleftarrows LBPC^-_{(NB)} + H^+_{(NB)} \qquad (2.10)$$

- l'ion perchlorate peut être expulsé de la phase organique :

$$LBPC_{(NB)} + ClO_{4(NB)}^{-} + 1e^{-} \rightleftharpoons LBPC_{(NB)}^{-} + ClO_{4(E)}^{-} \qquad (2.11)$$

La réaction (2.10) n'est pas possible, car le proton est un ion à fort caractère hydrophile ($\Delta_E^{NB} G_{H^+} = 32,5 \, kJ \, mol^{-1}$), il n'aura aucune tendance à vouloir passer dans le nitrobenzène. La réaction (2.11) est par conséquent celle qui se déroule à l'électrode modifiée par le film de solvant organique.

Au fur et à mesure que la quantité d'acide du milieu aqueux devient importante (de 1M à 2 M par exemple), le système de réduction gagne en réversibilité (figure 2.10-(2)). Le signal redox de réduction est dédoublé, tout laisse croire que la réduction de la bisphtalocyanine dans le film s'accompagne probablement de la protonation de la forme réduite de LBPC. Les ions perchlorates sont évidemment dans le nitrobenzène à une concentration, tout au moins égale à celle de LBPC. Les systèmes redox se déplacent vers les faibles potentiels.

En définitive, on peut dire que le partage initial du sel présent dans la phase aqueuse détermine la concentration des ions perchlorate dans le film.

Le mécanisme d'oxydation ou de réduction de la bisphtalocyanine de lutétium présent dans le film est donc tributaire de la nature de l'électrolyte présent dans le milieu aqueux ; la réaction à l'électrode obéit à la relation (2.6). Peut-on s'attendre à un comportement similaire si l'électrolyte support de la phase aqueuse a un caractère fortement hydrophile ? Nous allons essayer de répondre à cette question dans la suite de ce chapitre.

2.3.2) Electrolyte ayant un caractère hydrophile

Un ion i, ayant un caractère fortement hydrophile possède une énergie de Gibbs de transfert de la phase aqueuse vers la phase organique positive. Lorsqu'une électrode modifiée par une solution de nitrobenzène contenant LBPC est au contact d'une solution aqueuse de l'un des électrolytes suivants : HCl, LiCl, NaCl, H$_2$SO$_4$, Li$_2$SO$_4$ ($\Delta_E^{NB} G_{Li^+} = 38,2\ kJ\ mol^{-1}, \Delta_E^{NB} G_{Na^+} = 31,5\ kJ\ mol^{-1}, \Delta_E^{NB} G_{Cl^-} = 38,2\ kJ\ mol^{-1},$) les voltammogrammes ne présentent aucun processus redox (figure 2.11). Le processus électrochimique constitué par l'ensemble des phénomènes associés à la production d'un transfert de charge électrique à travers l'interface liquide|liquide n'est pas observé : il n'y a donc pas de transfert d'espèces chargées de la phase aqueuse vers le nitrobenzène.

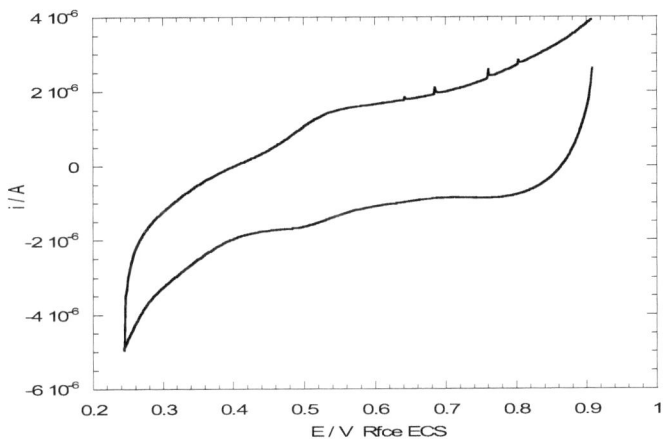

Figure 2.11: Voltammogrammes de LBPC (2,3 10^{-3} M) dans un film de nitrobenzène sur une électrode EPG.
Dans le nitrobenzène : pas de sel et dans l'eau : HCl 1M.
v = 5 mV.s^{-1}.

Une augmentation de la concentration en ion hydrophile dans l'eau, ne provoque pas l'apparition des systèmes redox. Aucun de ces ions ne peut traverser l'interface eau|nitrobenzène, il n'y a presque pas d'électrolyte dans le film. Cette observation est en accord avec le schéma de principe proposé à la figure 2.3. Pour corroborer ce mécanisme, nous avons choisi pour la suite de ne pas dissoudre dans l'eau un sel, seul le nitrobenzène en contient.

2.4) Influence de l'électrolyte de la phase organique

Le choix d'un électrolyte soluble dans la phase organique uniquement n'est pas aisé ; il faut en effet que cet électrolyte soit fortement hydrophobe pour ne pas se partager dans les deux phases. Quel que soit le sel utilisé (TBAPF$_6$, TBAPi, TBAClO$_4$, $\Delta_E^{NB} G_{TBA^+} = -26,5\ kJ\,mol^{-1}$, THACl, THABr, $\Delta_E^{NB} G_{THA^+} = -42,5\ kJ\,mol^{-1}$, TPAPi, $\Delta_E^{NB} G_{TPA^+} = -20,5\ kJ\,mol^{-1}$,…..) le voltammogramme (figure 2.12) obtenu présente dans le domaine exploré deux systèmes redox quasi-réversibles, attribués à l'oxydation et à la réduction de la bisphtalocyanine de lutétium présente dans le film de nitrobenzène. Bien que le signal électrochimique correspondant soit perturbé, d'intensité faible et que ΔEp (potentiel entre les pics anodiques et cathodiques soit d'environ 80 mV), l'écart de potentiel entre les deux signaux redox observés est toujours proche de 0,38 V. Les potentiels des pics et le rapport $\dfrac{i_p}{v^{\frac{1}{2}}}$ sont indépendants de la vitesse de balayage v.

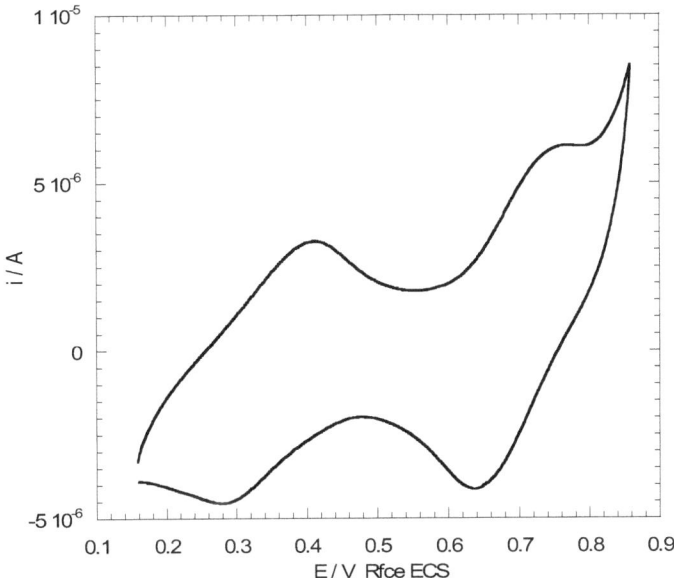

Figure 2.12: Voltammogrammes de LBPC (2,3 10^{-3} M) dans un film de nitrobenzène sur une électrode EPG.
Dans le nitrobenzène : THACl (0,1 M) et dans l'eau : pas d'électrolyte.
$v = 5\ mV\ s^{-1}$.

Lorsque l'électrolyte est lipophile, les systèmes redox sont visibles ; il y a transfert d'ions à l'interface au moment de l'oxydation et de la réduction de LBPC. ΔE_p 0,38 V, on peut dire que les deux ions qui passent en oxydation et en réduction ont des énergies de Gibbs de transfert comparables, donc les sels se partagent.

Le tableau 2.1 regroupe les différents potentiels formels obtenus en voltammétrie cyclique et enregistrés à une EFO, pour quelques électrolytes.

Tableau 2.1 : *Caractéristiques électrochimiques de la LBPC à une électrode modifiée par un film de liquide organique. Rfce : ECS.*

Electrolyte dans le nitrobenzène	Electrolyte dans l'eau	$E_{1/2}^{ox}$ / V LBPC$^+$/LBPC	$E_{1/2}^{red}$ / V LBPC/LBPC$^-$	ΔEp
TBAPi (0,1M)	-	0,31	-0,71	0,38
TBAPF$_6$ (0,1M)	KPF$_6$(0,1M)	0,36	-0,02	0,38
TBAClO$_4$ (0,1 M)	LiClO$_4$(0,1M)	0,37	-0,01	0,38
THACl (0,1 M)	LiCl (0,1M)	0,18	-0,2	0,38
THABr (0,1 M)	KBr (0,1M)	0,35	-0,02	0,37
TPAPi (0,1 M)	TPAPi(1mM)	0,23	-0,13	0,36
TEAPi (0,1 M)	TEAPi(1mM)	0,16	-0,24	0,40

L'écart entre les potentiels des différents systèmes demeure proche de 0,38 V.

3) Détermination des énergies de Gibbs de transfert des ions

Tout comme il existe une tabulation des valeurs des potentiels thermodynamiques standard des couples redox, il existe une échelle relative des énergies de Gibbs de transfert pour les espèces ioniques. Cette grandeur n'est pas directement accessible par l'expérience, car la différence de potentiel de Galvani n'est pas exactement celle appliquée par l'expérimentateur. Ceci est dû au rôle joué par l'interface constituant le système étudié.

L'étude électrochimique de l'influence des électrolytes sur les deux systèmes redox de la bisphtalocyanine de lutétium, nous a permis de montrer que les potentiels de ces systèmes sont dépendants de la nature et de la concentration des ions de la phase aqueuse. A partir de ces observations on peut estimer des valeurs des paramètres thermodynamiques, les énergies ou les potentiels de transfert d'ion de l'eau vers le nitrobenzène : $\Delta_E^{NB} G_{tr,i}, \Delta_E^{NB} \phi_i, \ldots$

La plupart des études menées pour déterminer les énergies de Gibbs de transfert des ions de la phase aqueuse vers la phase organique, ont été réalisées par voltammétrie à l'interface liquide|liquide et plus récemment grâce à l'électrode à trois phases[72, 125-128]. Une contrainte liée à cette dernière méthode, est que le partage initial du sel détermine la concentration des ions dans le film organique. Pour ne pas perturber l'interface, et nous rapprocher de l'interface non polarisable, dans le film organique est dissous un électrolyte lipophile (par exemple le tétraphénylborate de tétraalkylammonium $\Delta_E^{NB} G_{TPB^-} = -36\ kJ\ mol^{-1}$ [129]) et dans l'eau un sel hydrophile (chlorure de tétraalkylammonium). L'avantage de cette méthode réside dans le fait que c'est le rapport des concentrations des ions présents dans les différentes phases qui fixera le potentiel interfacial. On peut ainsi contrôler aisément le transfert des ions d'une phase à une autre.

La concentration du sel lipophile est constant, seule la concentration des sels de la phase aqueuse varie. Evidemment comme nous l'avons montré à la figure 2.7 les deux systèmes redox de LBPC se déplacent vers les potentiels positifs. Les réactions à l'électrode sont couplées au transfert des ions tétraalkylammonium du nitrobenzène vers l'eau si c'est une oxydation et de l'eau vers le nitrobenzène si c'est une réduction. Ces différentes réactions obéissent à la relation (2.5) qui devient à 25°C :

$$E = E^\theta_{LBPC_{(NB)}/LBPC^-_{(NB)}} + \Delta_E^{NB}\phi^\theta_{C^+} + 0{,}059 \log \frac{a_{LBPC_{(NB)}} a_{C^+_{(E)}}}{a_{LBPC^-_{(NB)}} a_{C^+_{(NB)}}} \quad (2.12)$$

Le potentiel formel est déterminé par voltammétrie à onde carrée. Au potentiel de demi-pic $a_{LBPC_{(Nb)}} = a_{LBPC^-_{(Nb)}}$, et la relation (2.12) devient :

$$E = E^\theta_{LBPC_{(NB)}/LBPC^-_{(NB)}} + \Delta_E^{NB}\phi^\theta_{C^+} - 0{,}059 \log \frac{a_{C^+_{(NB)}}}{a_{C^+_{(E)}}} \quad (2.13)$$

A titre d'exemple la figure 2.12 représente l'évolution des potentiels d'oxydation et de réduction de LBPC en fonction du rapport des activités de l'ion tétraméthylammonium dans le nitrobenzène et l'eau. Nous avons choisi d'utiliser les activités au lieu des concentrations des électrolytes :

$$a_i = \gamma c_i \qquad (2.14)$$

Pour déterminer nous avons considéré l'approximation de Debye-Hückel :

$$\log \gamma = -Az^2 \frac{\sqrt{c}}{1+Ba\sqrt{c}} \qquad (2.15)$$

A et B sont des constantes qui dépendent de la température et de la constante diélectrique du solvant,

$$A = 1{,}82\ 10^6 (\varepsilon T)^{-3/2}$$

$$B = 50{,}3\ (\varepsilon T)^{-1/2}$$

a = paramètre (unité Ångström) d'interaction ionique en solution. Pour les cations tétraalkylammonium et pour les différents anions utilisés au cours de nos expérience a = 3 ⌬)[21].

ε = constante di électrique du solvant (ε = 75,8 pour l'eau ; ε = 35,6 pour le nitrobenzène)[21].

T = température

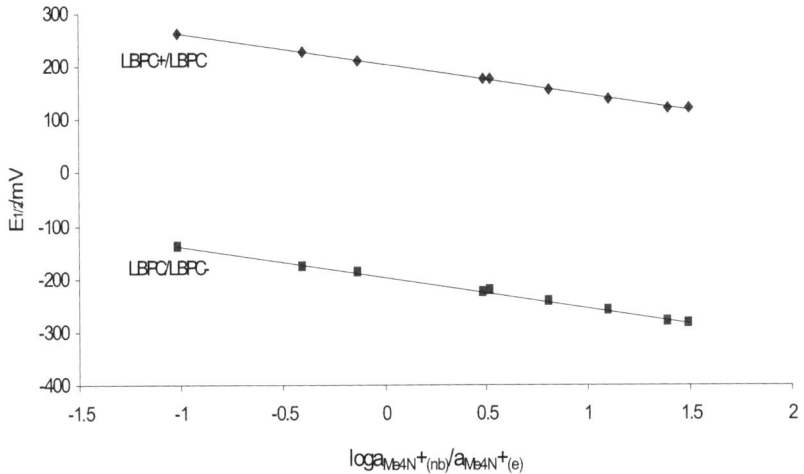

Figure 2.13 : Variation du potentiel formel obtenu en voltammétrie à onde carrée en fonction du logarithme du rapport $a_{Me_4N^+_{(nb)}}/a_{Me_4N^+_{(e)}}$.

La pente de l'évolution du potentiel du système d'oxydation est de 57 mV, voisin de la valeur théorique (59 mV). Pour le système de réduction la pente est de 58 mV.

L'écart entre les potentiels des deux systèmes démeure constant, voisin de 0,4 V, car c'est le même ion qui est échangé à l'interface, donc le potentiel interfacial est fixé par le rapport des concentrations de l'ion tétraméthylammonium.

La même expérience a été réalisée avec d'autres ammoniums quaternaires (TBA$^+$, TPA$^+$, TEA$^+$). Les voltammogrammes sont dépendants de la nature de l'ammonium quaternaire, les systèmes redox de la LBPC se déplaçant vers les potentiels élevés (figure 2.13) lorsque le caractère lipophile du cation augmente. En effet, d'après la relation (2.13), si l'on considère que $a_{C^+_{(NB)}} = a_{C^+_{(E)}}$, alors :

$$E = E^\theta_{LBPC_{(NB)}/LBPC^-_{(NB)}} + \Delta^{NB}_E \phi^\theta_{C^+} \qquad (2.16).$$

71

D'après cette dernière formule, plus le cation est lipophile, plus $\Delta_E^{NB}\phi_{C^+}$ ($\Delta_E^{NB}\phi_{TBA^+} = 0,275\ V$, $\Delta_E^{NB}\phi_{TEA^+} = 0,05\ V$, $\Delta_E^{NB}\phi_{TMA^+} = -0,04\ V$) croit. Par conséquent les potentiels formels des systèmes redox de LBPC se déplacent dans le même sens que le potentiel standard de transfert des cations de l'eau vers le nitrobenzène.

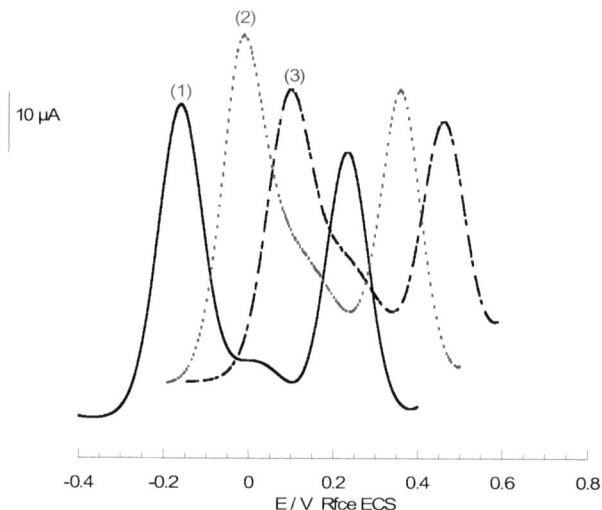

Figure 2.14: Voltammogrammes de LBPC (2,3 10⁻³ M) dans un film de nitrobenzène sur une électrode EPG.
Dans le nitrobenzène : respectivement TEATPB (0,1M), TPATPB (0,1M), TBATPB (0,1M): (1) TEACl (0,1 M), (2) TPACl (0,1 M), (3) TBACl (0,1 M).
f =100 Hz, a = 50 mV.

Lorsque $\log\dfrac{a_{C^+_{(NB)}}}{a_{C^+_{(E)}}} = 0$, $\Delta E_{(LBPC)}$ étant connu, le potentiel formel standard permet de calculer le potentiel standard de transfert de l'ion échangé à l'interface. A titre de rappel[31] le potentiel standard de transfert $\Delta_E^{NB}\phi_i^\theta$ d'un ion i est relié à l'énergie standard de Gibbs de transfert $\Delta_E^{NB}G_{tr,i}^\theta$, par la relation :

$$\Delta_E^{NB}\phi_i^\theta = -\frac{\Delta_E^{NB}G_{tr,i}^\theta}{z_i F} \qquad (2.17)$$

Les résultats que nous avons obtenus avec les différents ions sont regroupés dans le tableau 2.2 :

Tableau 2.2 : *Potentiel formel des systèmes redox LBPC⁺/LBPC et LBPC/LBPC⁻*

	E'^θ_{Ox} / V	E'^θ_{Red} / V	ΔE / V
ClO₄⁻	0,31	-0,08	0,39
TPB⁻	0,15	0,50	0,35
TMA⁺	0,23	-0,17	0,40
TEA⁺	0,27	-0,10	0,37
TPA⁺	0,37	-0,01	0,38
TBA⁺	0,47	0,10	0,37
K⁺	-0,05	-0,40	0,35
Na⁺	-0,10	-0,44	0,34

A partir de ces potentiels formels des systèmes redox de LBPC, des équations (2.5) et (2.6) et de l'hypothèse de Grunwald qui admet l'égalité d'énergie de solvatation du cation et de l'anion de TPAsTPB, nous avons vérifié la conformité des hypothèses formulées : l'oxydation ou la réduction de la LBPC dans le film est couplé au transfert d'ion d'une phase à une autre (voir partie 2.1).

La figure 2.15 représente l'évolution des potentiels formels d'oxydation et de réduction de LBPC en fonction des potentiels standard de transfert des ions échangés à l'interface, valeurs provenant des travaux publiés par différents auteurs[21, 66, 130-132]. La pente unité des droites atteste bien que le transfert d'ion influence la réaction d'électrode comme le prévoit les formules 2.5 et 2.6.

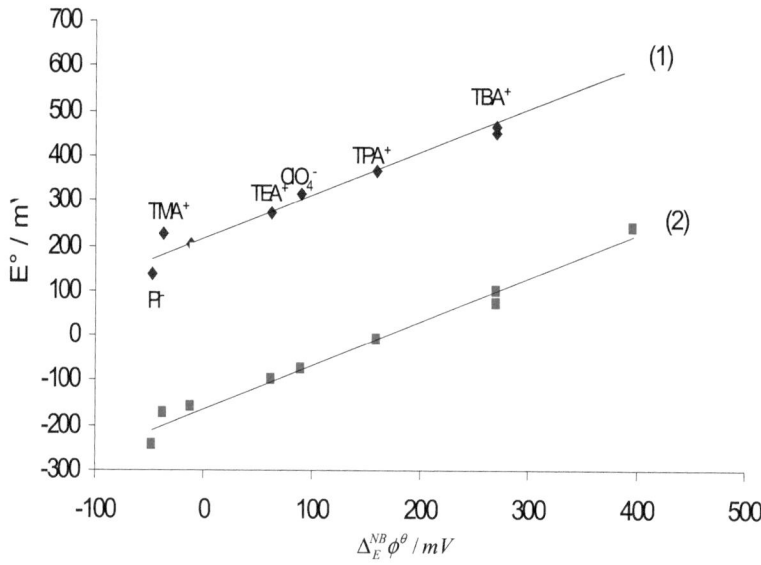

Figure 2.15 : Evolution des potentiels formels de LBPC en fonction des potentiels standard de transfert des différents ions à l'interface eau\nitrobenzène.

Les potentiels, lorsque $\Delta_E^{NB}\phi^\theta = 0$ respectivement 0,22 V et -0,16 V sont les valeurs des potentiels standard formels des systèmes LBPC$^+$/LBPC et LBPC/LBPC$^-$. Par conséquent, à partir des résultats rassemblés à la figure 2.15 il est donc possible de déterminer à partir des voltammogrammes à onde carrée ou des voltammogrammes cycliques les énergies de Gibbs de transfert des anions ou des cations de l'eau au nitrobenzène par la mesure du potentiel formel du couple redox LBPC$^+$/LBPC et LBPC/LBPC$^-$.

Les expériences montrent que la méthode proposée peut être utilisée pour mesurer les énergies de Gibbs de transfert des ions à travers une interface formée entre un solvant aprotique polaire et l'eau.

Cet ensemble de résultats expérimentaux démontre que l'électrode modifiée par un film organique donne des résultats conformes à ce que prédit la thermodynamique. A titre de confirmation, la figure 2.16 illustre la très bonne concordance, pour des ions divers, entre les valeurs connues des potentiels de transfert des ions et celles qui ont été calculées à partir des résultats obtenus au cours de ce travail.

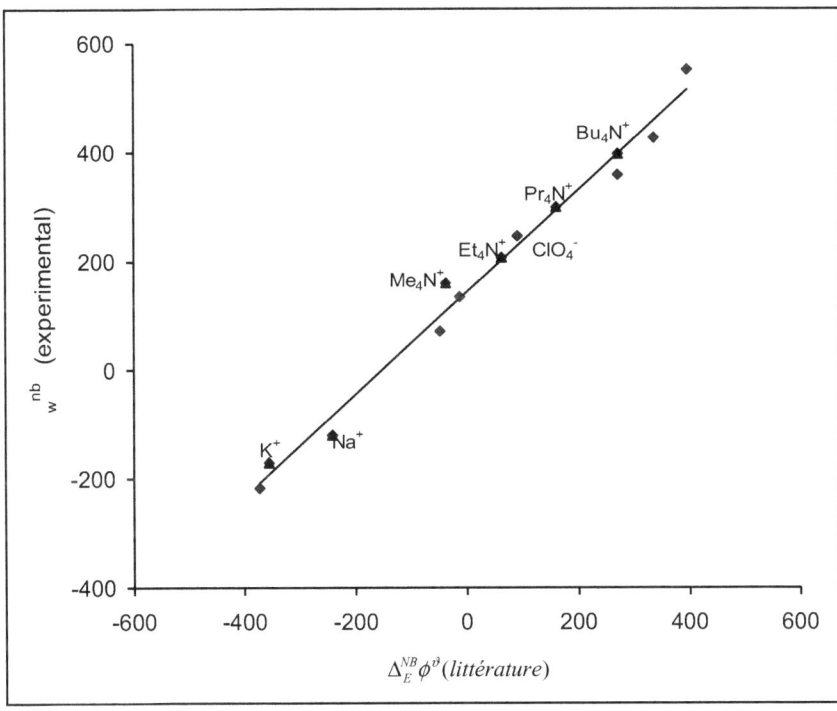

Figure2.16: Corrélation entre $\Delta_E^{NB}\phi^\theta$ des ions, mesurés à partir de la littérature et ceux obtenus expérimentalement.

Conclusion

Le film de liquide organique immiscible à l'eau contenant un précurseur électroactif (LBPC) et fixé à la surface d'une électrode de graphite EPG se prête aux études des réactions se déroulant à l'interface formée entre l'eau et le nitrobenzène. L'oxydation ou la réduction de LBPC à l'interface eau|nitrobenzène affecte uniquement les orbitales π du macrocycle, car l' écart de potentiel observé entre le premier système de réduction (LBPC/LBPC$^-$) et le premier système d'oxydation (LBPC$^+$/LBPC) est de 0,4 V. Le mécanisme de réduction ou d'oxydation de ce composé dissous dans le nitrobenzène est tributaire du transfert d'ion de la phase aqueuse vers le solvant organique, pour que la neutralité électrique soit respectée dans le film organique. Le transfert de l'ion est donc la conséquence de l'échange de l'électron entre LBPC et l'électrode de graphite EPG. L'énergie de Gibbs de transfert des ions à travers l'interface solvant aprotique|eau est mesurée en utilisant un équipement classique d'électrochimie à trois électrodes. Cette méthode est très générale, son efficacité a été vérifiée au cours des expériences décrites dans ce chapitre. On peut envisager de l'appliquer à l'étude de cations particuliers aussi bien que pour examiner le transfert d'ion à travers d'autres interfaces eau|milieu organique, et par exemple étudier le partage des ions entre eau et liquide ionique.

Chapitre 3

ELECTRODE MODIFIEE PAR UN FILM DE LIQUIDE IONIQUE

Introduction

L'utilisation de solvants variés offre de nombreuses possibilités pour contrôler et influencer des réactions chimiques. En effet, la nature des espèces chimiques est influencée par le solvant, du fait de la solvatation préférentielle de certains degrés d'oxydation ou de la formation de complexes.... Bien que présentant de très nombreux avantages, l'eau impose un certain nombre de limitations, ce qui explique que les solvants non aqueux, et particulièrement les solvants organiques, ont été, et sont encore, massivement utilisés dans les procédés chimiques.

Les solvants organiques, intéressants par certaines propriétés, présentent en contre partie des désavantages tels que leur volatilité, leur toxicité et leur inflammabilité. De ce fait, l'industrie chimique est de plus en plus souvent montrée du doigt pour sa participation à la pollution environnementale et à l'accroissement de l'effet de serre. C'est la raison pour laquelle de nouveaux solvants, possédant des propriétés attrayantes sans les inconvénients des solvants organiques, ont été recherchés. Les liquides ioniques, des sels fondus à température ambiante et stable à l'air, font partie des milieux qui suscitent actuellement un grand intérêt pour le développement d'une « chimie verte ». En effet, une des propriétés parmi les plus intéressantes des liquides ioniques est leur faible tension de vapeur et leur grande stabilité vis-à-vis de l'eau ou de l'oxygène. De ce fait, l'emploi des liquides ioniques contribue à la diminution des polluants atmosphériques et des quantités d'effluent à gérer.

Les liquides ioniques possèdent des propriétés qui les rendent également très intéressants comme nouveaux électrolytes.

La plupart des liquides ioniques ne sont pas miscibles à l'eau, d'où leur intérêt dans le domaine de l'extraction mais aussi pour l'étude électrochimique des réactions se déroulant à l'interface de deux liquides non miscibles. L'interface formée entre le liquide ionique hydophobique et l'eau peuvent être prises comme système de référence pour les études électrochimiques de l'interface de deux solutions électrolytiques non miscibles du fait du caractère hydrophobe des liquides ioniques.

1) Les propriétés des liquides ioniques

Le terme de «liquide ionique » peut prêter à confusion. Selon les auteurs, on trouvera les termes : « liquides ioniques à basse température », « sels fondus à basse température ». Le terme « liquide ionique » est employé depuis longtemps pour caractériser les sels fondus à température ambiante et l'on pourrait penser que seule une différence de température de fusion distingue les liquides ioniques des sels fondus classiques. Toutefois, leur caractère organique, souvent du cation, les rend différents des sels fondus classiques formés généralement d'un cation et d'un anion inorganique (température de fusion supérieure à 800 °C).

Les liquides ioniques appartiennent à plusieurs familles chimiques : les plus anciens sont les chloroaluminates, qui sont liquides à température ambiante mais dont l'instabilité à l'air libre limite l'emploi. Les plus récents et les plus intéressants sont les N,N-dialkylimidazolium, les alkylphosphonium ou les alkylpyridinium, en association avec divers anions inorganiques (Br⁻, Cl⁻, PF_6^-...) ou organiques (triflate, tosylate, phenylphosphonate, bistiflylimide...). L'écrasante majorité des liquides ioniques synthétisés à ce jour est constituée d'un cation organique et d'un anion inorganique, bien que rien n'empêche d'employer des anions organiques[133]. Nous prendrons pour définition des liquides ioniques, les milieux liquides dont la température de fusion est inférieure à 100 °C. Nous nous sommes intéressés en particulier au tétraoctylphosphonium bromure, TOPB (figure 3.1).

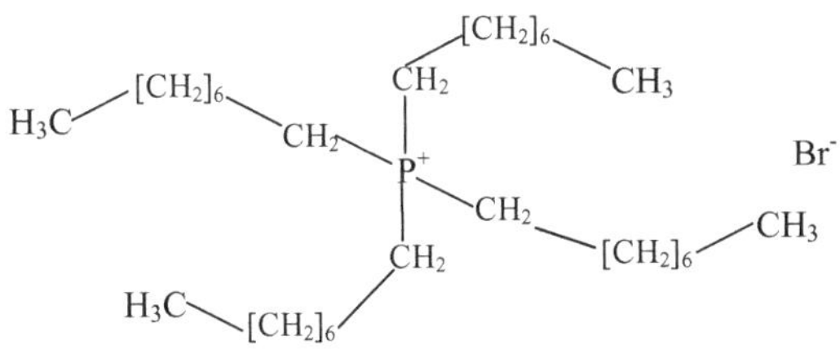

Figure 3.1 : Formule développée du tétraoctylphosphonium bromure ($4C_8P^+Br^-$) TOPB.

Comme tous les autres liquides ioniques, ce dernier n'est pas soluble dans l'eau et par conséquent peut former une interface liquide|liquide avec l'eau, utile pour l'étude du transfert électronique des composés solubles en son sein, tels que des composés organométalliques.

A notre connaissance, une seule publication fait état d'une étude, très limitée, de toxicité[134], ce qui ne permet pas d'émettre un avis raisonnable sur la question. Très récemment, des études systématiques ont été entreprises[135] qui pour l'instant, ne montrent que l'étendue de notre ignorance. Aussi, en l'attente d'études plus détaillées la prudence est recommandée en cours de manipulation. Toutefois, la très faible volatilité de ces produits, ainsi que leur caractère non inflammable, limitent les dangers encourus, même à température élevée et en présence d'oxygène où les risques d'auto inflammation sont très réduits.

1.1) Domaine de température accessible

La température de fusion des liquides ioniques est gouvernée par la structure et les interactions entre ions. Le volumineux cation organique des liquides ioniques engendre peu d'interactions, d'où le point de fusion bas. Lorsque la longueur ou le volume de la chaîne alkyle greffée sur le cœur du cation augmente, ce phénomène est amplifié et la température de fusion diminue. Cependant ceci n'est pas une règle générale et, pour certains composés polycyclique, la température de fusion augmente avec la longueur des chaînes alkyles greffées[136] tandis que l'on note un minimum de ce paramètre pour des cations tétraalkylammonium aliphatiques, en fonction de la longueur de la chaîne[137, 138]. Une étude a conduit à conclure que la raison principale des bas points de fusion des liquides ioniques est leur plus ou moins grande incapacité à s'ordonner en un réseau compact[139]. D'autres études ont mis en évidence l'effet de l'asymétrie du cation[138, 140].

La température maximale d'utilisation des liquides ioniques résulte de leur décomposition et non de l'ébullition comme c'est souvent le cas pour les autres liquides. Pour un cation organique, c'est essentiellement la nature du contre anion qui détermine cette décomposition. Ainsi les anions engendrant les plus faibles interactions intermoléculaires induisent les températures de décomposition les plus élevée, avec l'ordre[140] :

$PF_6^- > I^-, Br^-, Cl^-$

La densité des liquides ioniques décroît avec l'élévation de la température[141-143].

1.2) Polarité

La polarité d'un milieu liquide est difficile à appréhender car elle fait appel à des phénomènes tant microscopiques que macroscopiques. D'un point de vue qualitatif, on tente souvent de la définir sur la base des interactions entre le solvant et les espèces qui y sont dissoutes, tandis que d'un point de vue quantitatif, la constante diélectrique est souvent utilisée comme mesure de la polarité, bien que ceci soit réducteur. Diverses échelles relatives de polarité ont été utilisées. Le principe est de comparer les caractéristiques de fluorescence d'une sonde (en général une molécule organique) dissoute dans le liquide ionique étudié et dans divers autres solvants bien connus par ailleurs[144]. Les liquides ioniques ont souvent une constante diélectrique inférieure à 10.

La solvatation dans les liquides ioniques, s'effectuerait en deux étapes : la réorganisation des cations autour du soluté aurait lieu en premier, du fait de la grande taille des cations considérés (temps typiques de relaxation : 4 ns) puis les anions, plus petits donc plus mobiles s'accommoderaient autour de cette première sphère (temps typiques de relaxation : 280 ns). Les temps de relaxation dépendent des ions constitutifs du liquide ionique[145], ce qui, selon les auteurs traduit les différences de taille donc de propriété de transport. Toutefois, ces études n'ayant été menées que sur un nombre très limité de liquides ioniques, ces conclusions générales nous paraissent devoir être considérées avec précaution.

Ces caractéristiques particulières, font des liquides ioniques, des solvants appropriés pour des études électrochimiques.

La structure de TOPB laisse penser que ce milieu est totalement dissocié. Les indications expérimentales, notamment les mesures de viscosité et de conductivité tendent à prouver que les ions constituants ce liquide sont associés, au moins partiellement. Il nous est apparu opportun de vérifier la solubilité de ce liquide ionique dans des solutions aqueuses car très peu d'études concernant sa solubilité dans l'eau ou dans des solutions aqueuses électrolytiques ont été menées.

2) Solubilité du TOPB dans l'eau

Pour cette détermination, nous avons choisi d'évaluer la concentration des ions bromures qui passeront dans la phase aqueuse en équilibre avec le liquide ionique TOPB.

L'évolution dans le temps de la concentration des ions bromure qui passent dans l'eau lorsque le bromure de tétraoctylphosphonium est en excès, au contact de diverses solutions aqueuses est notée dans le *tableau 3.1*.

Tableau 3.1 : *Evolution de la concentration (mM) des ions bromure dans des milieux aqueux au contact d'un excès de TOPB.*

Temps / h	0	12	24	48	144
Eau	0,0684	0,0708	0,0859	0,0905	0,100
TBAHSO$_4$aq (1,4 mM)	0,130	0,274	0,277	0,304	0,304
LiClO$_4$aq (1,4 mM)	0,605	0,994	1,01	1,01	1,01
Me$_4$NPiaq (1,4 mM)	0,515	0,990	1,01	1,02	1,02
KClaq (1,4 mM)	0,210	0,693	0,800	0,802	0,900
KNO$_3$aq (1,4 mM)	0,385	0,610	0,795	0,800	0,910

A la lecture de ce tableau, il ressort que, lorsque TOPB est au contact de solutions aqueuses électrolytiques, il y a échange d'ions entre le bromure du liquide ionique et l'anion du sel présent en solution aqueuse. La quantité de bromure qui passe dans l'eau est relativement négligeable (≈ 0,6 mM à l'instant initial) lorsque le TOPB est au contact de solutions aqueuses ayant comme anion picrate ou perchlorate (connus pour leur double caractère hydrophile et hydrophobe) comparée à celle obtenue quand l'anion de l'électrolyte est hydrophile (HSO_4^-, NO_3^-). Le TOPB est très peu soluble dans le milieu aqueux.

3) Propriétés électrochimiques des liquides ioniques

Le développement des liquides ioniques basés sur des chloroaluminates est lié aux applications pour les batteries[133, 146]. Les liquides ioniques possèdent des propriétés qui les rendent très intéressantes comme nouveaux électrolytes pour les procédés électrochimiques.

Les études électrochimiques sont classiquement menées par un système à trois électrodes. Les électrodes de travail et auxiliaire les plus courantes sont par ordre : platine, or, carbone vitreux. C'est sur carbone vitreux que sont atteints les plus grands domaines d'électroactivité (par exemple lorsque l'étude est menée dans le chloroaluminate ou le bromure de tétraoctylphosphonium), les courants résiduels les plus faibles et les systèmes les plus réversibles[147-149].

Le film de TOPB sera déposé à la surface d'une électrode de graphite BPG que l'on immergera dans des solutions aqueuses ; le système ainsi constitué comporte une interface liquide au même titre que l'interface film organique|solution aqueuse. La configuration résultante est schématisée sur la figure 3.2.

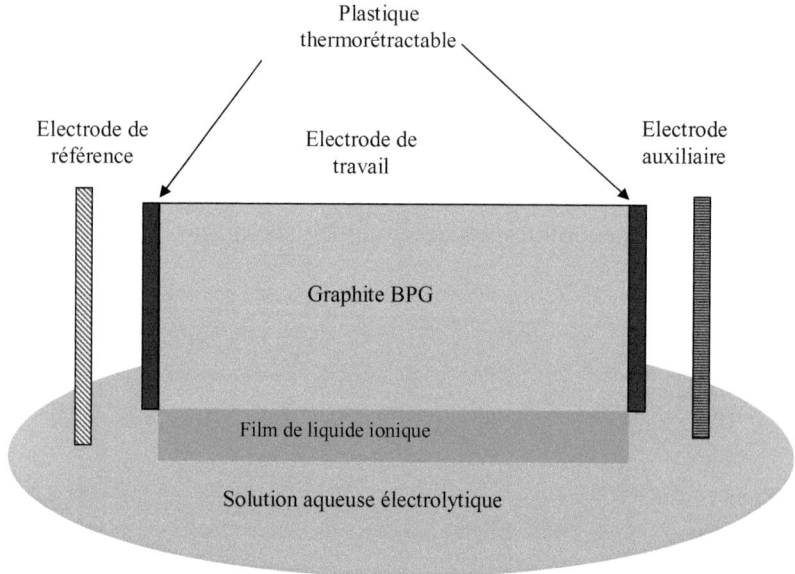

Figure 3.2 : *Dispositif expérimental*

4) Domaine d'électroactivité

De nombreux électrolytes ont été testés par voltammétrie cyclique pour rechercher la fenêtre d'étude optimale. Pour cela la cellule suivante a été utilisée : un film d'environ 3,2 µm de liquide ionique TOPB est déposée sur une électrode de graphite BPG (surface 0,196 cm²). La cellule de concentration est la suivante :

$$C \mid TOPB \mid A^+C^-_{aq}\ 0{,}1\ M \mid KCl_{sat,\ aq} \mid Hg_2Cl_2 / Hg$$

D'après les voltammogrammes de la figure 3.3, on remarque, que pour un même cation (K^+) de l'électrolyte de la phase aqueuse, le plus large domaine d'électroactivité est obtenu avec le nitrate de potassium. La figure 3.3 démontre qu'il y a échange total de l'anion de la phase aqueuse : l'ordre d'oxydation correspond très bien à l'ordre ;

Br$^-$ > Cl$^-$ > NO$_3^-$

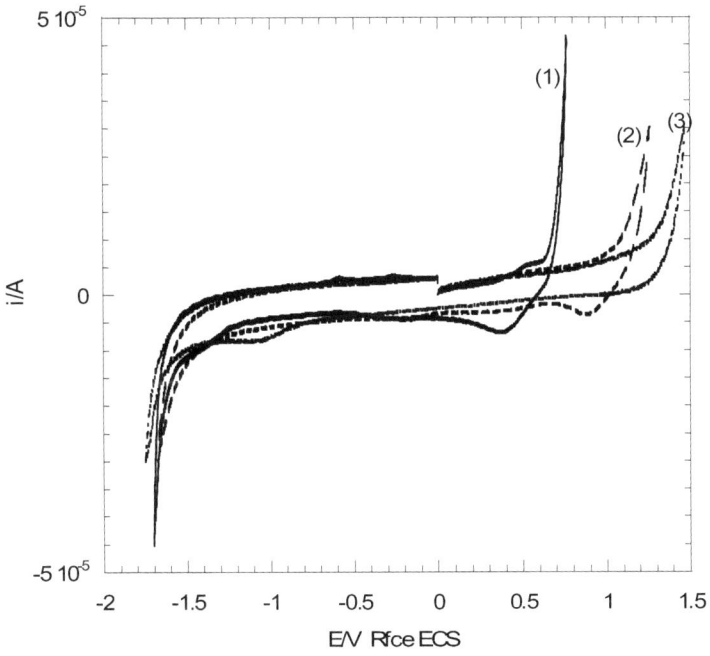

Figure 3.3 : Voltammétrie cyclique d'un film de TOPB sur une électrode BPG, immergée dans de solutions aqueuses de : (1) KBr 0,1M ; (2) KCl 0,1 M ; (3) KNO$_3$ 0,1 M. v = 100 mV/s,

Si l'on compare les potentiels normaux des couples redox Br$_2$/Br$^-$, Cl$_2$/Cl$^-$ en milieu aqueux, il est clair que l'ion bromure s'oxydera en premier car le potentiel standard du couple correspondant est le plus faible. A une interface liquide|liquide, l'énergie de transfert de Gibbs des ions présents dans les phases au contact, détermine la plage de polarisation, limitée par les courants associés au transfert de charges. La largeur de la plage de polarisation exprime la facilité avec laquelle les ions passent au travers de l'interface. Plus l'énergie de transfert de Gibbs est élevée, plus le passage de l'ion du milieu aqueux vers le liquide ionique devient difficile, la tension du champ imposée est trop importante pour provoquer le passage de l'ion de la phase aqueuse vers le film de liquide ionique.

L'examen des courbes de la figure 3.3 laisse apparaître des pics mal définis respectivement à 0,41 V, 0,9V pour du KBr et du KCl dus vraisemblablement à l'état de surface du graphite ou alors à des impuretés présents en phase aqueuse. Les caractéristiques des voltammogrammes cycliques sont résumées dans le *tableau 3.2.*

Tableau 3.2 : *Données de voltammétries cycliques relatives aux domaines d'électroactivité sur un film TOPB sur une électrode BPG immergée dans différentes solutions aqueuses. Rfce ECS*

Electrolytes	Bornes		
	Inférieure/ V	Supérieure / V	Plage de polarisation / V
KBr (0,1 M)	-1,70	0,70	2,40
KCl (0,1 M)	-1,69	1,13	2,82
KNO_3 (0,1 M)	-1,75	1,49	3,24
TBACl (0,1 M)	-1,59	1,15	2,74
$TBAHSO_4$ (0,1 M)	-1,60	1,71	3,31
$LiClO_4$ (0,1 M)	-1,41	1,15	2,56

La plus grande fenêtre d'électroactivité a été obtenue avec l'hydrogénosulfate de tétrabutylammonium en phase aqueuse car, vraisemblablement l'énergie de transfert des ions hydrogénosulfate du milieu aqueux vers le film ionique est la plus grande. Cet ion semble en effet avoir peu d'affinité pour le film ionique (tableau 3.1). Cette étude montre que le domaine d'électroactivité dépend de la nature de l'anion en solution aqueuse.

5) Etude du Transfert électronique à une interface eau|liquide ionique

Cette étude a pour objectif de comparer d'une part les échanges électroniques entre l'électrode solide et la bisphtalocyanine de lutétium (LBPC) obtenus à l'interface nitrobenzène|eau et d'autre part des résultats obtenus à l'interface eau|nitrobenzène par nous même et par l'équipe de Nakanishi[150-152]. Nakanishi a rapporté que les potentiels des systèmes redox réversibles de la bisphtalocyanine de lutétium (III) dissoute dans un film de TOPB déposé sur une électrode de graphite pyrolytique (BPG) sont déplacés de + 0,51 V, comparativement aux mêmes systèmes redox observés dans le dichlorométhane[153, 154]. Ce déplacement, d'après cet auteur est dû aux fortes liaisons coulombiennes existantes entre les formes réduites de la bisphtalocyanine de lutétium produites dans TOPB et les sites cationiques de $4C_8P^+Br^-$. Pour affirmer cela, il s'est basé sur les résultats antérieurs obtenus par certains chercheurs[155, 156] qui ont rapporté que les cations organiques s'associent généralement avec les anions de bisporphyrines dans les solvants organiques.

Nakashima et collaborateurs[157-159] ont étudié quant à eux la réduction du fullerène dans un film de TOPB[150]. Ils[160] ont également analysé la réaction redox de certains bisphtalocyanines de lutétium (III) dans un film de TOPB, au contact de solutions aqueuses de chlorure de potassium à différentes concentrations. Dans ces conditions expérimentales, ils ont pu accéder aux systèmes les plus réducteurs de ces bisphtalocyanines de lutétium (III). Pour ces auteurs le déplacement des potentiels des systèmes redox réducteurs vers les potentiels positifs est dû à l'association entre le cation $4C_8P^+$ de TOPB et les formes électroréduites de la bisphtalocyanine de lutétium (III) car : (i) les formes oxydées et réduites de la bisphtalocyanine présente dans le film TOPB sont tout à fait stables ; (ii) les ions des électrolytes du milieu aqueux pénètrent dans le film ; (iii) la concentration totale de bisphtalocyanine de lutétium dans le film peut être maintenue à des valeurs plus faibles que la concentration des cations ou anions du milieu aqueux, qui peut varier de 0,005 M à 1 M.

En aucun cas, ces auteurs ne discutent de l'influence du potentiel interfacial existant entre l'eau et le film de TOPB.

L'étude de la solubilité de TOPB dans les solutions aqueuses a montré que les anions sont échangés entre l'eau et le liquide ionique TOPB. Le mécanisme de la réaction qui se déroule à l'électrode modifiée par le film de TOPB devrait être le suivant :

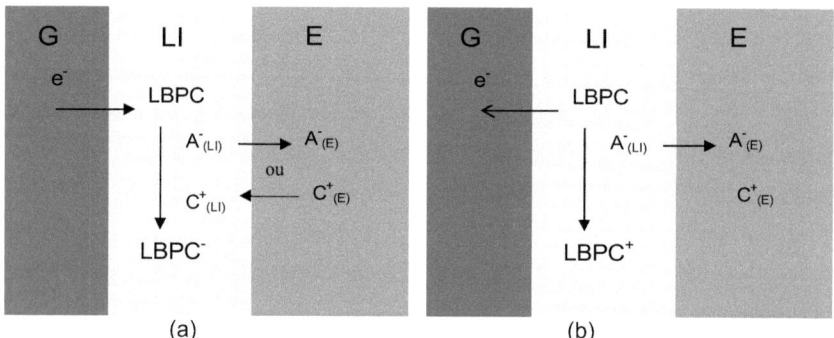

Figure 3.4 : Représentation schématique des réactions possibles lors de la réduction (a) ou de l'oxydation (b) à une électrode modifiée par un film de liquide ionique TOPB.

L'échange d'électron entre la LBPC et l'électrode de graphite est donc couplé à un échange d'ion entre le film et la solution aqueuse électrolytique pour que la neutralité électrique soit respectée dans le film :

- l'oxydation de la LBPC du film TOPB (LI) est donc la réaction:

$$LBPC_{(LI)} + A^-_{(E)} \rightleftarrows LBPC^+_{(LI)} + A^-_{(LI)} + 1e^- \qquad (3.1)$$

Réaction à laquelle correspond le potentiel :

$$E = E^\theta_{LBPC^+_{(LI)}/LBPC_{(LI)}} + \Delta^{LI}_E \phi_{A^-} + 0,06 \log \frac{a_{LBPC^+_{(LI)}} a_{A^-_{(LI)}}}{a_{LBPC_{(LI)}} a_{A^-_{(E)}}} \qquad (3.2)$$

A $E_{1/2}$; $a_{LBPC^+_{(LI)}} = a_{LBPC_{(LI)}}$ et si on considère que $a_{A^-_{(LI)}} = cte$ car le liquide ionique est une phase condensée, le potentiel formel du couple $LBPC^+_{(LI)} / LBPC_{(LI)}$ est :

$$E^{\theta'} = E^{\theta}_{LBPC^+_{(LI)} / LBPC_{(LI)}} + \Delta^{LI}_E \phi_{A^-} - 0,06 \log a_{A^-_{(E)}} \quad (3.3)$$

- En ce qui concerne le premier système de réduction de la LBPC, deux possibilités peuvent se présenter selon que l'échange d'électron est accompagné soit :

a) du transfert du cation de l'électrolyte de la phase aqueuse vers le liquide ionique :

$$LBPC_{(LI)} + C^+_{(E)} + 1e^- \rightleftharpoons LBPC^-_{(LI)} + C^+_{(LI)} \quad (3.4)$$

b) de l'expulsion de l'anion du liquide ionique vers la solution aqueuse :

$$LBPC_{(LI)} + A^-_{(LI)} + 1e^- \rightleftharpoons LBPC^-_{(LI)} + A^-_{(E)} \quad (3.5)$$

Le potentiel de Nernst correspondant à la réaction de réduction (3.5) est :

$$E = E^{\theta}_{LBPC_{(LI)} / LBPC^-_{(LI)}} + \Delta^{LI}_E \phi_{A^-} + 0,06 \log \frac{a_{LBPC_{(LI)}} a_{A^-_{(LI)}}}{a_{LBPC^-_{(LI)}} a_{A^-_{(E)}}} \quad (3.6)$$

A $E_{1/2}$; $a_{LBPC^-_{(LI)}} = a_{LBPC_{(LI)}}$ et on sait que $a_{A^-_{(LI)}} = cte$, le potentiel formel du couple $LBPC_{(LI)} / LBPC^-_{(LI)}$ est :

$$E^{\theta'} = E^{\theta}_{LBPC_{(LI)} / LBPC^-_{(LI)}} + \Delta^{LI}_E \phi_{A^-} - 0,06 \log a_{A^-_{(E)}} \quad (3.7)$$

5.1) Etude électrochimique de LBPC dans un film de TOPB au contact de solutions aqueuses d'halogénures

Pour mieux comprendre le processus se produisant à l'interface liquide ionique|eau, il est important d'avoir pour système de référence, celui où le bromure de potassium est l'électrolyte de la phase aqueuse. En effet dans ce cas, il n'y a pas d'échange d'anions entre les deux liquides en contact. Le potentiel interfacial est fixé par le rapport des activités de l'ion bromure dans chacune des phases.

Sur les figures 3.5 et 3.6 sont représentés les voltammogrammes d'un film TOPB/LBPC (1/5) sur une électrode BPG immergée dans une solution aqueuse de bromure de potassium sous atmosphère inerte.

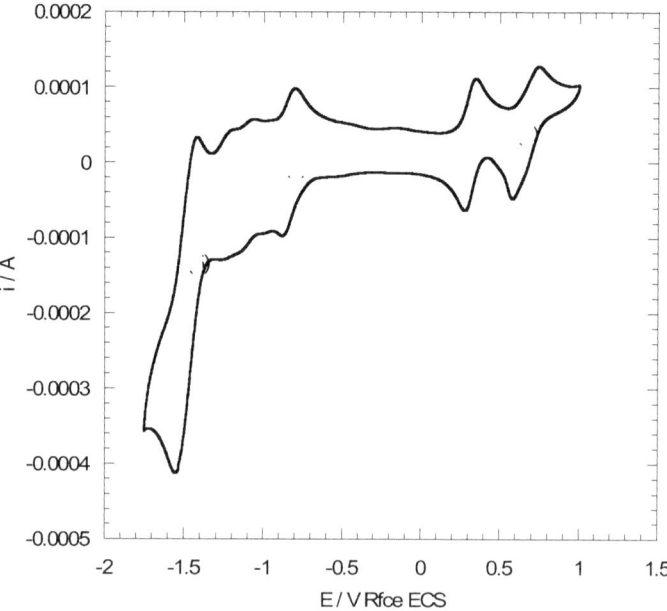

Figure 3.5 : Voltammétrie cyclique d'un film de LBPC/TOPB (1/5) sur une électrode BPG immergée dans une solution aqueuse de KBr (0,5 M). v = 100 mV/s.

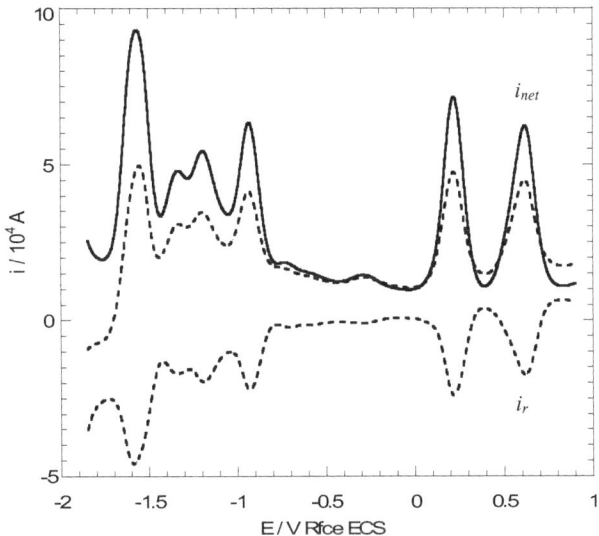

Figure 3.6 : *Voltammétrie à onde carrée (SWV) de LBPC dans un film de TOPB (LBPC/TOPB : 1/5) sur une électrode de BPG immergée dans une solution aqueuse de KBr (0,5 M).*
f = 100 Hz, dE = 0,0015 V, a = 50 mV

Les voltammogrammes présentent 6 systèmes redox réversibles car les intensités de pics de courants lors du balayage aller sont égales aux intensités de pics de courant lors du balayage retour. En voltammétrie cyclique l'écart entre les potentiels de pics anodique et cathodique (ΔE_P) est de 80 mV. Le système redox apparaissant autour de 0,59 V correspond à l'oxydation de la LBPC présent dans le film en une étape monoélectronique. Les cinq autres systèmes redox situés à $E_{1/2}$ = 0,217 ; -0,945 ; -1,150, -1,250 et -1,541 V résultent des réductions successives de la bisphtalocyanine de lutétium dissoute dans le liquide ionique TOPB, avec échange d'un électron à chaque étape. L'écart de potentiel entre le système d'oxydation et le premier système de réduction est de 0,37 V, alors que le premier et le second système de réduction sont décalés de 1,15 V. Ce comportement redox est conforme à celui qui est observé lors de l'étude du comportement électrochimique de LBPC dans le dichlorométhane[161, 162]. Les potentiels de pic des systèmes redox sont décalés de 0,3 V environ vers les potentiels positifs comparés aux potentiels obtenus de ces mêmes systèmes redox dans le dichlorométhane. Cet indice laisse présager que des interactions entre les espèces formées dans le film au cours du processus redox et les ions des électrolytes de la phase aqueuse ont lieu et que les réactions d'oxydation ou de réduction de LBPC dans le film sont couplées à des réactions de transfert d'espèces.

Les potentiels de pic des systèmes redox sont décalés de 0,3 V environ vers les potentiels positifs comparés aux potentiels obtenus de ces mêmes systèmes redox dans le dichlorométhane. Cet indice laisse présager que des interactions entre les espèces formées dans le film au cours du processus redox et les ions des électrolytes de la phase aqueuse ont lieu et que les réactions d'oxydation ou de réduction de LBPC dans le film sont couplées à des réactions de transfert d'espèces. Pour vérifier ces hypothèses, tout comme à l'interface eau|nitrobenzène, nous avons fait varier la concentration des bromures de potassium du milieu aqueux et nous avons observé par voltammétrie à onde carrée le déplacement des potentiels des pics des systèmes redox. Pour cette étude une attention particulière a été mise sur le système d'oxydation, les premier et second systèmes de réduction, car nous pouvons comparer aisément les résultats obtenus ici à ceux obtenus à l'aide d'une électrode modifiée par un film de nitrobenzène d'une part et d'autre part on peut transposer les résultats obtenus sur ces systèmes redox aux autres systèmes de réduction.

La variation de la concentration du bromure en phase aqueuse provoque le déplacement des systèmes redox vers les faibles potentiels. Le traitement des réponses électrochimiques obtenues par SWV (figure 3.7) montre que les relations (3.3) et (3.4) sont vérifiées.

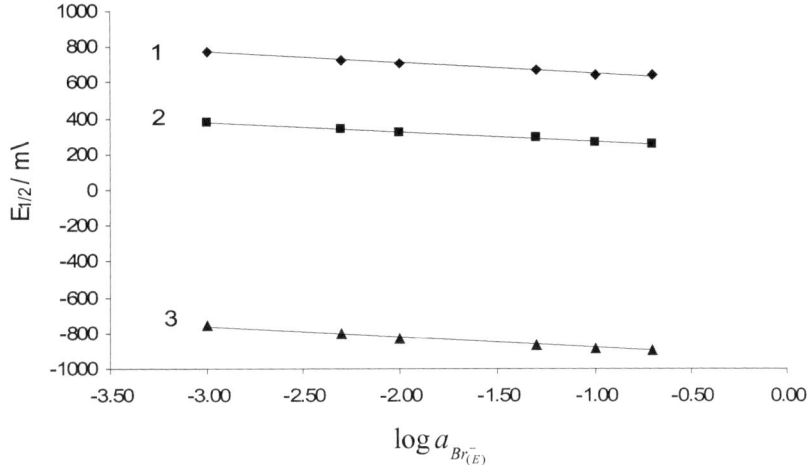

Figure 3.7 : Evolution du potentiel $E_{1/2}$ des couples redox du film LBPC/TOPB (1/5) à une électrode BPG en fonction de $\log a_{Br^-_{(E)}}$.
(2) $LBPC^+/LBPC$; (2) $LBPC/LBPC^-$; (3) $LBPC^-/LBPC^{2-}$.

Le processus d'échange d'électron est nernstien, car les pentes négatives des courbes sont voisines de -59 mV pour le système d'oxydation, -57 mV pour le 1er système de réduction et -59 mV pour le second système de réduction. Le comportement électrochimique de LBPC à une électrode modifiée par un film ionique est influencé par la concentration de l'ion bromure présent dans l'eau.

Les pentes de $-(57 \pm 2)$ mV/log obtenues prouve que l'échange d'électron entre la LBPC présente dans le liquide ionique et l'électrode de graphite BPG est un processus monoélectronique et nernstien. Lors de l'oxydation de la LBPC présente dans le film ionique, l'échange d'électron entre l'électrode de graphite et la LBPC provoque la création d'une entité cationique $LBPC^+$. Pour que la neutralité électrique soit respectée dans le film lors de ce processus redox, il faut qu'il y ait soit un apport d'anion du milieu aqueux vers le film, soit une expulsion d'une espèce cationique du film vers la solution aqueuse. Le film étant dépourvu d'ions libres, seuls les ions provenant de l'électrolyte de la phase aqueuse peuvent compenser ce déficit de charges (réaction 3.1) où $A^- = Br^-$.

Ces observations sont en accord avec les hypothèses émises. A une faible vitesse de balayage (v = 5 mV/s) ou à la plus faible fréquence de balayage (8 Hz), le système d'oxydation perd en réversibilité (figure 3.8) lors d'une diminution de la quantité de LBPC dans le film, il y a plus de bromures que d'espèce électroactive et il est donc normal que le système d'oxydation de la LBPC soit perturbé car la réaction redox est limitée par l'espèce présente en faible quantité.

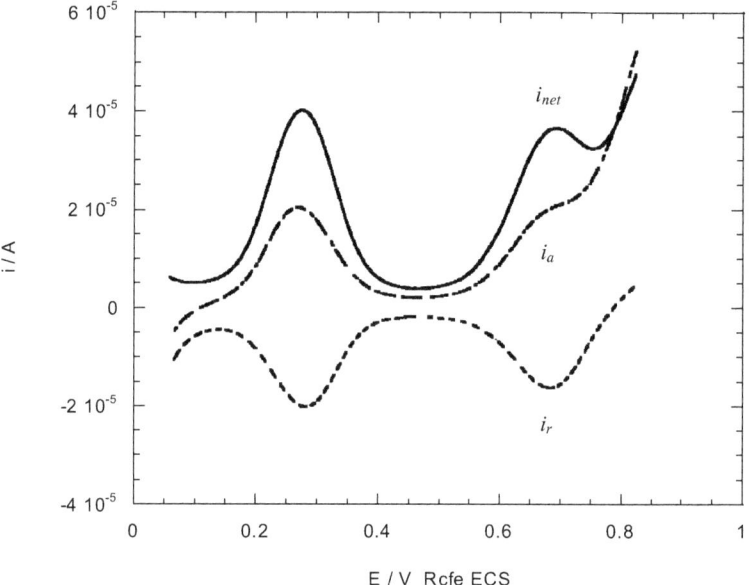

Figure 3.8: Voltammétrie SWV d'un film LBPC/TOPB (1/19) sur une électrode BPG immergée dans une solution aqueuse de KBr (0,5 M). f= 8 Hz, a = 50 mV

Lorsque la fréquence de balayage augmente (f > 12 Hz), ce système d'oxydation gagne en réversibilité (figure 3.9) :

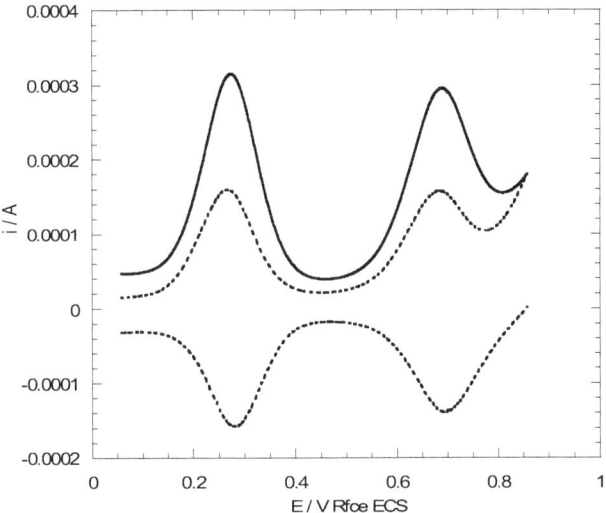

Figure 3.9 : *Voltammétrie SWV d'un film LBPC/TOPB (1/19) sur une électrode BPG immergée dans une solution aqueuse de KBr (0,5 M) f= 100 Hz, a = 50 mV.*

Cette observation intéressante sera développée plus loin lors de l'étude cinétique du transfert des anions de la phase aqueuse vers le liquide ionique TOPB.

Le film LBPC/TOPB déposé sur la surface d'une électrode de graphite et immergée dans une solution aqueuse de bromure de potassium possède des propriétés analogues à celles du film LBPC/nitrobenzène déposé sur la surface d'une électrode de graphite. Le potentiel interfacial est influencé par la nature du sel dissous dans l'eau.

Une étude similaire a été également menée en remplaçant KBr par KCl dans la solution aqueuse. L'ion chlorure a un caractère hydrophile plus marqué que l'ion bromure. La solution aqueuse de chlorure de potassium au contact d'un film LBPC/TOPB a un comportement proche de celui observé avec la cellule de concentration C|LBPC/TOPB|K⁺Br⁻(aq)|KCl(sat aq)|Hg$_2$Cl$_2$|Hg. En effet sur le voltammogramme à onde carrée (figure 3.10) :

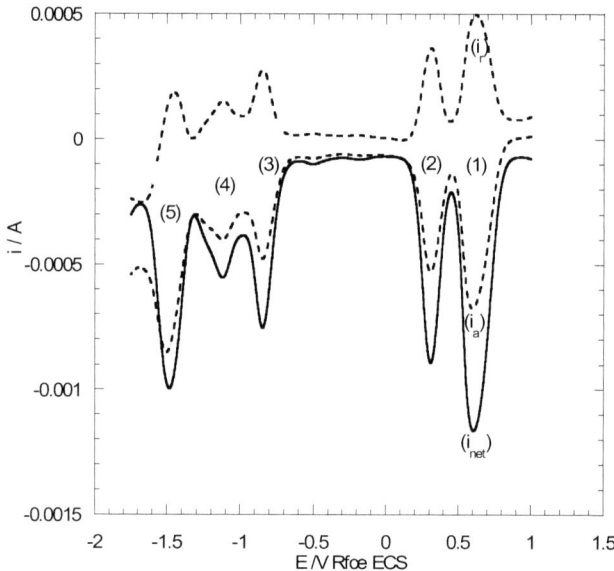

Figure 3.10 : *Voltammétrie SWV d'un film LBPC/TOPB (1/5) sur une électrode BPG immergée dans une solution aqueuse de KCl (0,5 M).*
f = 100 Hz, dE = 0,0015 V, a = 50 mV

On retrouve les systèmes redox réversibles ; les potentiels sont décalés de - 20 mV environ par rapport à ceux obtenus avec le bromure de potassium comme électrolyte de la phase aqueuse. Le traitement des réponses électrochimiques obtenues par SWV, lorsqu'on fait varier la concentration des anions chlorure du milieu aqueux montre que le potentiel de pic des systèmes redox évolue de manière linéaire avec le potentiel de pic des systèmes redox (figure 3.11). Les pentes des courbes obtenues expérimentalement 58 mV, sont en accord avec celles prédites par les équations (3.3) et (3.9).

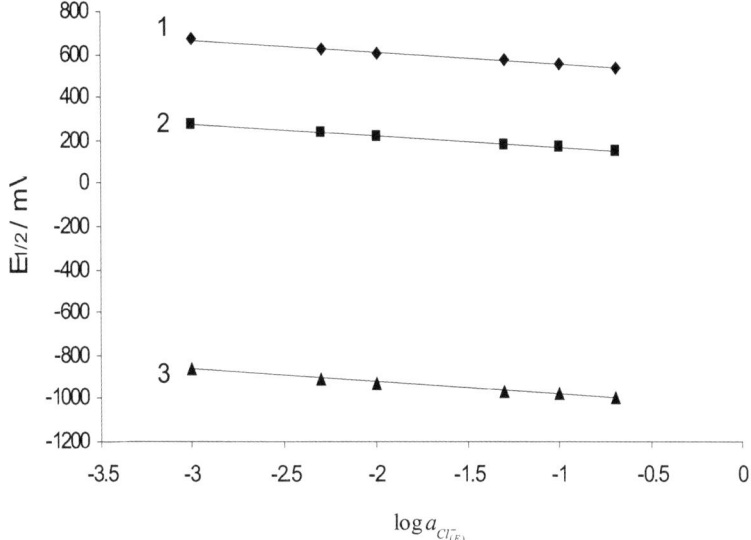

Figure 3.11 : Evolution du potentiel $E_{1/2}$ des couples redox du film LBPC/TOPB (1/5) à une électrode BPG en fonction de $\log a_{Cl^-_{(E)}}$.
(1) $LBPC^+/LBPC$; (2) $LBPC/LBPC^-$; (3) $LBPC^-/LBPC^{2-}$.

Les voltammogrammes SWV d'un film LBPC/TOPB au contact des solutions aqueuses électrolytiques de LiCl, NaCl, Me$_4$NCl, et TBACl sont identiques à celui obtenu à la figure 3.10, les systèmes redox apparaissent aux mêmes potentiels. Cette observation confirme donc que le comportement électrochimique de LBPC présent dans le film est influencé par la nature de l'anion de l'électrolyte de la phase aqueuse.

La réaction qui se déroule à l'électrode modifiée par le film LPBC/TOPB est tributaire du transfert de l'anion chlorure de la phase aqueuse vers le TOPB lors de l'oxydation :

$$LBPC_{(LI)} + Cl^-_{(E)} \rightleftarrows LBPC^+_{(LI)} + Cl^-_{(E)} + e^- \qquad (3.8)$$

Quant à la réaction de réduction, qui provoque la création d'une charge négative dans le film, est accompagnée de l'expulsion de Cl⁻ du film vers la solution aqueuse :

$$LBPC_{(LI)} + Cl^-_{(LI)} + 1e^- \rightleftarrows LBPC^-_{(LI)} + Cl^-_{(E)} \qquad (3.9)$$

Quentel et al, lors d'une étude similaire à une interface nitrobenzène|eau ont montré que l'oxydation de LBPC est tributaire du transfert d'anion de la phase aqueuse vers la solution organique[163].

5.2) Etude du comportement électrochimique de LBPC en présence des ions hydrogénosulfate, perchlorate et nitrate dans le milieu aqueux.

Quel que soit le sel de fond dissout dans l'eau au contact d'un film LBPC/TOPB, l'échange d'électron entre l'électrode de graphite et la bisphthalocyanine de lutétium est influencé par le transfert de l'anion de l'électrolyte du milieu aqueux vers le liquide ionique TOPB. Dans le cas des anions ClO_4^- et HSO_4^-, les voltammogrammes (figure 3.12) présentent deux systèmes redox réversibles attribués à l'oxydation et à la réduction de LBPC. L'écart de potentiel entre ces systèmes est toujours voisin de 0,4 V.

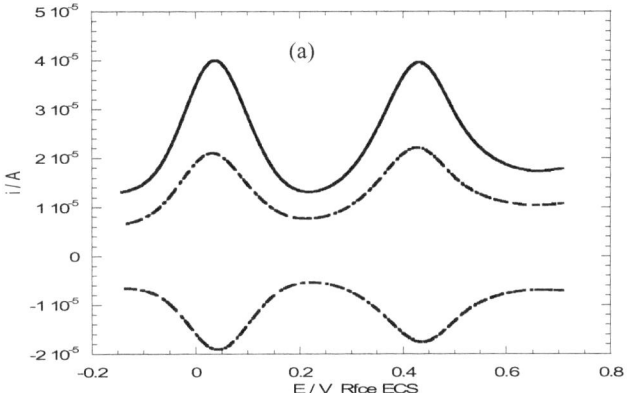

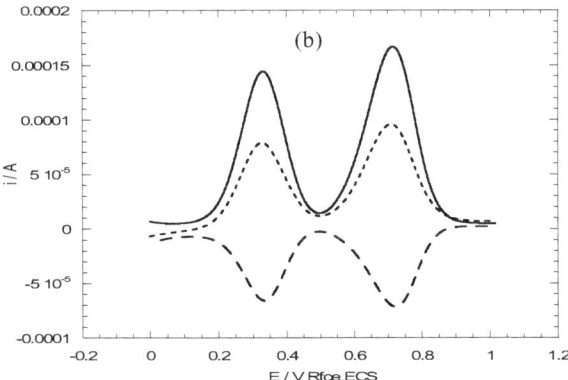

<u>Figure 3.12</u> : Voltammétrie SWV d'un film de LBPC/TOPB (1/19) sur une électrode BPG immergée dans une solution aqueuse : (a) LiClO$_4$ (0,1 M) ; (b) KHSO$_4$ (0,1 M). f = 12 Hz, a = 50 mV

La figure 3.13 regroupe les différents voltammogrammes obtenus avec différents sels du milieu aqueux. Sur le voltammogramme, un déplacement des potentiels des systèmes redox LBPC$^+$/LBPC, LBPC/LBPC$^-$ lorsqu'on fait varier la nature des ions de la solution aqueuse est observé.

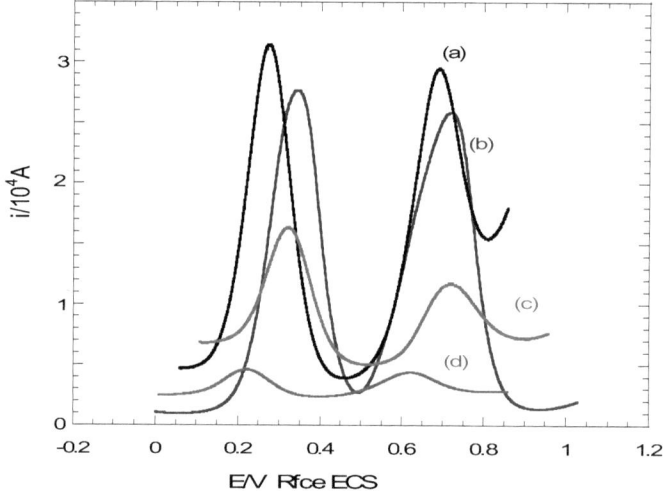

Figure 3.13 : Voltammétrie SWV d'un film de LBPC/TOPB (1/19) sur une électrode BPG immergée dans différentes solutions aqueuses de : (a) KCl (0,1 M), (b) KBr (0,1 M), (c) KHSO4 (0,1 M), (d) LiClO4 (0,1 M). f = 100 Hz, a = 50 mV.

Il ressort de l'examen de ces voltammogrammes (figure 3.13) que, lorsque le film LBPC/TOPB est au contact de solutions aqueuses de LiClO$_4$ ou de TBAHSO$_4$; les potentiels sont décalés de - 0,20 V en présence du perchlorate et de + 0,11 V en présence d'hydrogénosulfate, par rapport à ceux du système LBPC/TOPB|K$^+$Br$^-$ (aq) 0,1 M.

Le potentiel formel en fonction du logarithme de l'activité de l'anion perchlorate du milieu aqueux est également une fonction affine. La pente obtenue –(58 ± 2) mV prouve que le processus redox obéit à la loi de Nernst.

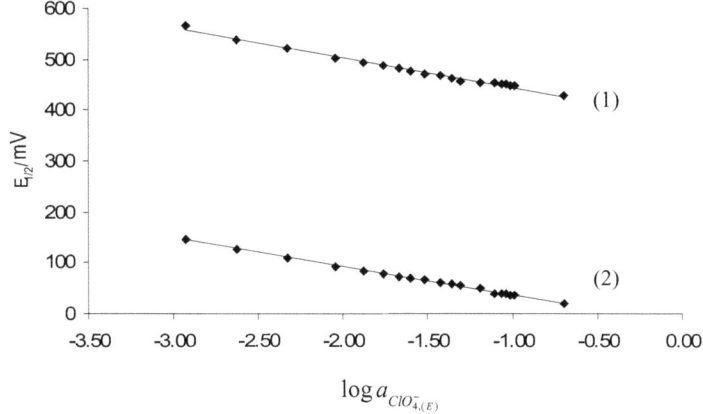

Figure 3.14 : Evolution du potentiel $E_{1/2}$ des couples redox du film (LBPC/TOPB (ratio molaire 1/19)) à une électrode BPG en fonction de $\log a_{ClO_{4,(E)}^-}$.
(1) $LBPC^+/LBPC$; (2) $LBPC/LBPC^-$

Le potentiel formel d'un système redox à une interface film ionique|solution aqueuse est donné par la relation :

$$E^{\theta'} = E^{\theta}_{LBPC^+/LBPC} + \Delta_E^{LI}\phi_{X^-} - 0,06\log a_{X_{(E)}^-} \qquad (3.10)$$

Plus $\Delta_E^{LI}\phi_{X^-}$ est élevé, plus $E^{\theta'}$ sera grand ; de même si l'anion est lipophile c'est-à-dire $\Delta_E^{LI}\phi_{X^-}$ faible, E^{θ} se déplace vers les faibles potentiels. On peut donc conclure que ClO_4^- a plus d'affinité pour le liquide ionique TOPB que HSO_4^-.

Il est donc évident que seul l'anion du sel dissous dans l'eau est transféré vers le liquide ionique TOPB au cours du processus redox. Le potentiel de transfert des ions, et par conséquent l'énergie de Gibbs de transfert des ions de l'eau vers le liquide ionique joue un rôle prépondérant.

5.3) Détermination de l'énergie de Gibbs de transfert des anions du milieu aqueux vers le liquide ionique

La réaction globale de l'oxydation de LBPC à l'électrode modifiée est décrite par la réaction 3.1. Ce mécanisme de la réaction à l'électrode est similaire à celui observé quand le nitrobenzène est utilisé comme milieu organique. L'énergie standard de Gibbs de transfert de l'anion est calculée à partir du potentiel standard de transfert de l'anion à l'interface eau|liquide ionique en utilisant l'équation suivante :

$$\Delta_E^{LI} G_{A^-}^\theta = -zF \Delta_E^{LI} \phi_{A^-}^\theta \qquad (3.11)$$

Pour accéder aux différentes valeurs de l'énergie de Gibbs de transfert de certains anions, nous devons avoir la valeur du potentiel standard du couple $LBPC_{(LI)}^+ / LBPC_{(LI)}$ dans le liquide ionique TOPB, valeur qui malheureusement n'est pas connue. De plus il semble plutôt difficile de mesurer exactement cette valeur du fait de l'interférence créée par le potentiel de jonction liquide.

L'ordonnée à l'origine des différentes courbes (figures 3.7, 3.11) permet d'accéder aux potentiels formels des systèmes redox de LBPC. Les résultats obtenus avec les différents ions sont regroupés dans le tableau 3.3. Les colonnes 2 et 3 regroupent les potentiels d'oxydation et de réduction en présence de divers anions. Dans la quatrième colonne figurent les variations des potentiels de transfert des anions de l'eau au TOPB, par rapport à l'anion bromure pris comme référence.

Tableau 3.3 : *Potentiel formel des systèmes redox LBPC⁺/LBPC et LBPC/LBPC⁻ à une électrode modifiée par un film de liquide ionique TOPB.*

	$E^{\theta'}_{LBPC^+/LBPC}$ / V	$E^{\theta'}_{LBPC/LBPC^-}$ / V	$\Delta^{LI}_{E}\phi^*_{A^-}$
Br⁻	0,59	0,21	0
Cl⁻	0,50	0,11	-0,09
HSO₄⁻	0,48	0,08	-0,12
NO₃⁻	0,15	-0,25	-0,34
ClO₄⁻	0,39	-0,02	-0,20

* valeurs relatives de $\Delta^{LI}_{E}\phi_{A^-}$, comparées à celles de l'ion bromure.

Les expériences montrent que la méthode proposée peut être utilisée pour évaluer les énergies de Gibbs de transfert des ions de l'eau au liquide ionique. Les valeurs réelles pourraient être obtenues à partir des différences notées dans la quatrième colonne du tableau 3.3, si l'on connaissait la valeur exacte du potentiel de transfert de l'ion bromure de l'eau au TOPB.

5.4) Etude cinétique du transfert d'anion à travers l'interface liquide|liquide au moyen d'une électrode de graphite modifié par un film de TOPB

La voltammétrie sur couche mince est préconisée comme une méthode efficace et simple pour l'étude du transfert de charge à l'interface liquide|liquide à l'aide d'une cellule électrochimique à trois électrodes.

Nous avons observé qu'une électrode de graphite dont la surface est recouverte d'un solvant organique ou d'un liquide ionique (TOPB) contenant LBPC et immergée dans une solution aqueuse permet de mener une étude thermodynamique du transfert d'ions à l'interface liquide. Généralement, la conductivité dans le film organique est assurée soit par l'électrolyte ajouté dans le solvant organique, soit par l'électrolyte du milieu aqueux qui se partagera. Par contre dans le liquide ionique TOPB la conductivité ionique ne se pose pas car ce milieu est « entièrement composé d'ions ». L'étude de la solubilité de TOPB dans des solutions aqueuses, révèle que l'anion de l'électrolyte de la phase aqueuse pourrait remplacer l'anion bromure du TOPB donc se retrouverait dans le liquide ionique. Tout comme à l'interface nitrobenzène|eau, la différence de potentiel entre le liquide ionique TOPB et la solution aqueuse est essentiellement contrôlée par la concentration des ions communs aux deux phases. La réaction redox de LBPC qui se déroule à l'interface électrode de graphite|film ionique (EG|F), produit ou consomme des espèces chargées à la surface de l'électrode, par conséquent perturbe l'électroneutralité dans le film ionique. La réaction de transfert de l'électron à l'interface EG|F modifie le profil de concentration de toutes les espèces ioniques présentes dans le film, provoquant ainsi un transfert additionnel d'ions à travers l'interface milieu aqueux|film ionique (E|F) pour préserver la neutralité de charge dans le film ionique. Ainsi le transfert d'ion à travers l'interface E|F est provoqué par la réaction redox se produisant à l'interface EG|F. L'ensemble du processus électrochimique est couplé aux deux réactions de transfert de charge se produisant simultanément aux deux interfaces séparées.

La caractéristique particulière de notre système est la présence de trois phases représentées par l'électrode, le film ionique, et la phase aqueuse.

Bien que beaucoup de travaux aient été consacrés à la cinétique du transfert d'ion à travers les interfaces liquides[164-167], les paramètres cinétiques pour le transfert de la majorité des ions inorganiques sont moins bien connus que les données thermodynamiques ce qui souligne la nécessité d'une méthode expérimentale simple pour des mesures cinétiques. Dans une étude récente Mirceski[168] a développé un modèle théorique pour les mesures par SWV d'une réaction simple cinétiquement contrôlée à l'électrode, se produisant dans un espace de diffusion fini. Une propriété spécifique, le "maximum quasi réversible", permet l'évaluation de la cinétique redox par un procédé simple et rapide[168]. Dans cette étude, nous appliquons la méthode du maximum quasi réversible pour étudier la cinétique de l'oxydation et de la réduction de LBPC dissous dans un film de TOPB. En SWV, les composés se comportent quasireversiblement, dans une gamme de fréquence d'exploration.

La figure 3.15 illustre parfaitement l'influence de l'épaisseur du film sur le premier système d'oxydation et le premier système de réduction de LBPC. En SWV, le courant de pic est :

$$i_p = \frac{nFA\sqrt{D_o C_o}}{\sqrt{\pi t_p}} \psi_p \qquad (3.12)$$

n, F, et A sont respectivement le nombre d'électrons échangés, la constante de Faraday et la surface de l'électrode. D_o est le coefficient de diffusion de LBPC dans le milieu considéré, C_o la concentration totale de LBPC, t_P est la caractéristique de la largeur de la pulsation et ψ_p est un courant sans dimension. Dans l'équation (3.12) tous les autres paramètres sont constants, seule la concentration varie. L'intensité du courant est proportionnelle à la concentration de l'espèce redox présente dans le film.

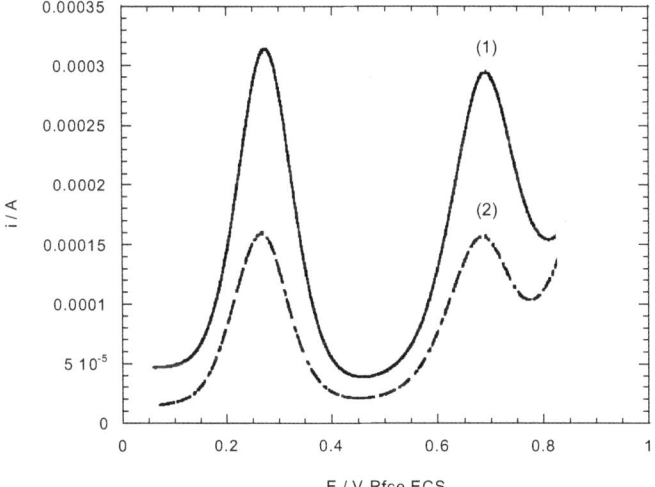

Figure 3.15 : Influence de l'épaisseur du film LBPC/TOPB (1/19) au contact de KBr aq (0,1 M), f = 180 Hz, a = 50 mV. (1) 1,6 µm. (2) 3,2 µm

L'épaisseur du film ne modifie pas le mécanisme d'oxydation ou de réduction de la LBPC. On y retrouve en effet sur le voltammogramme à onde carrée (figure 3.15) les systèmes redox $LBPC^+/LBPC$ et $LBPC/LBPC^-$. L'écart de potentiel entre ces systèmes demeure constant et égal à 0,39 V, quelle que soit l'épaisseur du film. En première approximation, on peut dire dans les deux exemples ci-dessus, que le film de liquide ionique dans lequel est dissous LBPC se comporte comme un film mince. Il est donc intéressant de mener une étude cinétique de transfert de charge à travers les différentes épaisseurs du film. Compte tenu de l'aire géométrique de l'électrode (0,196 cm² et la densité de TOPB), le dépôt de 20 µL de la solution dans la chloroforme correspond à une épaisseur de 3,2 µm de phase homogène ; l'épaisseur réelle n'est évidemment pas connue, mais nous utilisons ces épaisseurs théoriques du film dans la suite du travail. En tout état de cause, l'épaisseur du film devrait être proportionnelle à la quantité de solution du liquide ionique déposée sur l'électrode.

Si la réaction à l'électrode sur couche mince est cinétiquement contrôlée, par l'épaisseur du film, la réponse électrochimique sera affectée par le paramètre cinétique $K = \left(k_s / (Df)^{1/2} \right)$, où k_s, est la constante de vitesse standard de transfert hétérogène d'électron (en cm s^{-1})[27]. Le courant de pic est une fonction parabolique du logarithme du paramètre cinétique, le maximum étant placé dans la région quasi réversible. Il faut noter que le courant de pic d'une réaction à une électrode dans des conditions de diffusion semi infinies est sigmoïdal et dépend du paramètre cinétique qui atteindra une valeur constante maximale dans la région réversible.

La dépendance parabolique du courant de pic en fonction du paramètre cinétique est une propriété intrinsèque de la réaction sur couche mince[169, 170]. En conséquence, dans une expérience le rapport ($\Delta I_p / f^{1/2}$) est prévu pour être également une fonction parabolique de la fréquence de modulation du potentiel, en raison de l'influence du paramètre cinétique K. L'importance du maximum quasi réversible provient du fait qu'il peut être employé pour estimer la constante standard hétérogène d'échange de l'électron. Calculer théoriquement la valeur critique du paramètre cinétique k_{max}, qui est associé à la position théorique du maximum quasi réversible, et mesurer expérimentalement la fréquence critique correspondante f_{max}, permettent d'estimer la constante de vitesse standard par la formule simple :

$$k_s = K_{max} \sqrt{Df_{max}} \qquad (3.13)$$

D'après la théorie, la constante cinétique maximale dépend légèrement de l'épaisseur du film[168]. La simulation révèle qu'il existe une relation linéaire entre log(K_{max}) et l'épaisseur du film, avec une pente positive. Le maximum se déplace vers les faibles fréquences lorsqu'on augmente l'épaisseur du film. Ceci a été décrit pour un film de liquide organique par Quentel et al[163].

Dans la présente étude, les maximums quasi réversibles ont été mesurés aussi bien pour l'oxydation que pour la réduction de LBPC. Si la phase aqueuse contient les ions Cl⁻, Br⁻, la réaction de LBPC à l'électrode est accompagnée par l'importation d'anion à travers l'interface liquide ionique|solution aqueuse (équation 3.3).

A côté de l'oxydation, LBPC peut également être réduit en un anion stable. La réduction de LBPC dans le film de liquide ionique est accompagnée par l'expulsion de l'anion du liquide ionique vers la phase aqueuse (équation 3.5).

Sur la figure 3.16 sont représentées les mesures des maximums quasi réversibles des systèmes redox de LBPC, pour différentes épaisseurs de film contenant l'espèce LBPC, au contact d'une solution aqueuse de KBr. Les maximums se déplacent (voir courbe 3 de la figure 3.16) vers les faibles fréquences lorsque l'épaisseur du film augmente. Les fréquences maximales ont été obtenues avec un film de liquide ionique de 0,7 µm d'épaisseur. En considérant cette évolution, la position du maximum est entièrement déterminée par la constante d'échange de l'électron comme lors d'un processus électrochimique sur couche mince[171]. Le film déposé sur la surface de l'électrode se comporte tout à fait comme un film mince.

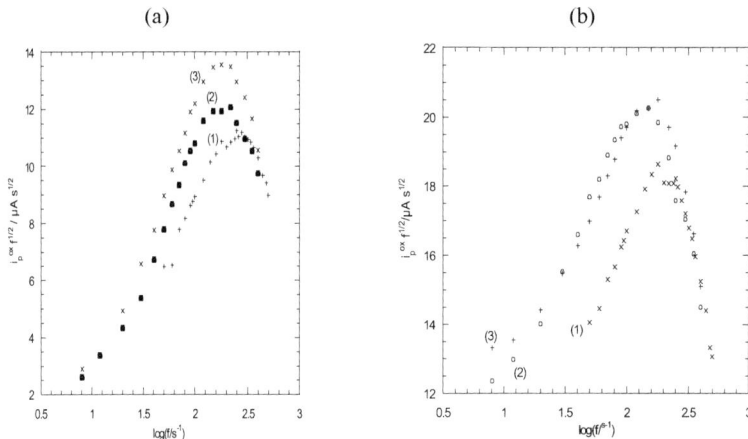

<u>Figure 3.16</u> : Effet de l'épaisseur du film LBPC/TOPB (1/19) déposé sur l'électrode BPG au contact d'une solution aqueuse de KBr (0,1 M) sur les systèmes redox (A) LBPC+/LBPC et (B) LBPC/LBPC⁻.
(1) 0,7 µm, (2) 1,6 µM, (3) 3,2 µm

Les processus globaux (3.1) et (3.4) sont combinés au transfert d'électron à l'interface EG|F et au transfert d'ion à travers l'interface F|E. Bien que ces deux processus se produisent à des interfaces séparées, ils sont simultanés et ne peuvent pas être identifiés séparément. Il importe de savoir quel est le phénomène cinétiquement limitant, le transfert électronique ou le transfert des ions à travers l'interface eau|liquide ionique. La réaction de transfert d'électron de l'espèce électroactive à la surface de graphite est en fait la force motrice du transfert d'ion à travers l'interface eau|liquide ionique qui, à un niveau moléculaire, peut se produire selon (i) un mécanisme électrochimique pur, à l'exclusion de toute interaction chimique entre l'espèce redox et le transfert de l'ion, ou (ii) un mécanisme chimique dans lequel l'accouplement chimique entre eux a lieu. Le "mécanisme électrochimique" se rapporte à la situation dans laquelle le transfert d'électron, produisant l'espèce chargée dans le liquide ionique (LBPC⁺ pour l'oxydation ou LBPC⁻ pour la réduction), modifie le gradient du potentiel électrochimique à l'interface liquide ionique|eau, tout en favorisant le transfert de X⁻ à travers l'interface. Dans « le mécanisme chimique », le transfert d'ion est suivi d'une réaction entre les espèces ioniques du système redox, ce qui équivaut au mécanisme EC observé à une électrode solide. Pour le mécanisme électrochimique, la thermodynamique et la cinétique du transfert d'ion seront indépendantes de la nature chimique des couples redox, tandis que dans le mécanisme chimique les propriétés globales du transfert d'ion seront influencées par les couples redox et également par la nature de l'électrolyte. C'est pourquoi l'influence de divers électrolytes a été examinée.

5.4.1) Influence de la concentration des électrolytes de la phase aqueuse

Bien que la cinétique de transfert des ions ne soit pas entièrement compréhensible, les résultats expérimentaux montrent que le processus de transfert ionique peut être classé comme quasi réversible[163]. Les mesures électrochimiques peuvent servir pour calculer certains paramètres thermodynamiques et cinétiques.

Pour expliquer l'influence de la concentration des ions du milieu aqueux sur la cinétique du processus électrochimique se produisant dans le film déposé sur l'électrode de graphite, il est nécessaire de considérer que la réaction d'échange d'électron est couplée au transfert de l'ion (réaction 3.1). La cinétique de la réaction d'oxydation est décrite par le formalisme de Buttler-Volmer car le transfert de matière peut être considéré comme infiniment rapide, la cinétique de l'équation est :

$$I_{FS} = k_s^{'} \exp(\beta\varphi)\left[\left(c_{LBPC_{(f)}}\right)_{x=0}\left(c_{Br^{-}_{(aq)}}\right)_{x=L} - \exp(-\varphi)\left(c_{LBPC^{+}_{(f)}}\right)_{x=0}\left(c_{Br^{-}_{(f)}}\right)_{x=L}\right] \quad (3.14)$$

où $k_s^{'}$ est la constante de vitesse de second ordre pour la réaction hétérogène du transfert de l'ion à l'interface eau|film (cm^4 s^{-1} mol^{-1}) et β le coefficient de transfert.

$$\varphi = \left(\frac{F}{RT}\right)\left(E - E^{\theta'}\right) \quad et \quad E^{\theta'} = E^{\theta}_{LBPC^{+}/LBPC} + \Delta_{aq}^{f}\varphi^{\theta}_{Br^{-}} \quad (3.15)$$

E^{θ} est le potentiel formel de la réaction, L l'épaisseur du film. Si la concentration de l'ion est constante tout au long de l'étude voltammétrique, l'équation (3.14) devient :

$$I_{FS} = k_s' c^*_{Br^-_{(aq)}} \exp(\beta\varphi_{Br^-})\exp(\beta\varphi_{LBPC^=/LBPC})\left[\left(c_{LBPC_{(f)}}\right)_{x=0} - \exp(-\varphi)\left(c_{LBPC^+}\right)_{x=0}\rho_1\right] \quad (3.16)$$

où $\varphi_{Br^-} = \left(\dfrac{F}{RT}\right)\left(\Delta^f_{aq}\varphi - \Delta^f_{aq}\varphi^\theta_{Br^-}\right) = \ln\left(\dfrac{c^*_{Br^-_{(f)}}}{c^*_{Br^-_{(aq)}}}\right)$ est le potentiel interfacial film/eau contrôlé par la concentration de l'ion dans les deux phases. $\varphi_{LBPC^+/LBPC} = \left(\dfrac{F}{RT}\right)(E - E^\theta_{LBPC^+/LBPC})$ est le potentiel interfacial BPG|film pris par rapport au potentiel standard du couple redox présent dans le film, $\rho_1 = \left(\dfrac{c^*_{Br^-_{(aq)}}}{c^*_{Br^-_{(f)}}}\right)$.

L'équation (3.16) est importante pour comprendre le comportement du système. Elle révèle la complexité de l'influence du transfert de l'ion sur la cinétique globale de la réaction 3.1. La concentration de la LBPC étant constante quelle que soit sa forme redox, l'augmentation de la concentration de l'ion de la phase aqueuse accroît le terme $k_s' c^*_{Br^-_{(aq)}}$. La variation de la concentration de l'ion bromure dans la phase aqueuse affecte la cinétique du système (figure 3.5) en changeant le potentiel interfacial film|eau. Cet effet est représenté dans l'équation (3.16) par le terme $\exp(\beta\varphi_{Br^-})$, qui peut être écrit sous la forme $\exp\left(\beta\ln\left(\dfrac{c^*_{Br^-_{(f)}}}{c^*_{Br^-_{(aq)}}}\right)\right)$.

L'équation (3.16) indique aussi que la réversibilité apparente du système dépend du rapport ρ_1. On peut définir un paramètre cinétique K' :

$$K' = \dfrac{k_s' c^*_{Br^-_{(aq)}} \exp\left(\beta\ln\left(\dfrac{c^*_{Br^-_{(f)}}}{c^*_{Br^-_{(aq)}}}\right)\right)}{Df} \quad (3.17)$$

La variation du maximum quasiréversible avec la concentration du transfert de l'ion de la phase aqueuse peut être déduite de K'. La forme logarithmique de l'équation (3.16) est :

$$\log(f_{\max}) = \log\left(\frac{k_s'}{K_{\max}' D}\right) + \log\left[c_{Br^-_{(aq)}}^* \exp\left(\beta \ln \frac{c_{Br^-_{(f)}}^*}{c_{Br^-_{(aq)}}^*}\right)\right] \qquad (3.18)$$

Cette dernière équation laisse entrevoir la relation qui existe entre $\log(f_{\max})$ et le paramètre complexe des concentrations $\log\left[c_{Br^-_{(aq)}}^* \exp\left(\beta \ln \frac{c_{Br^-_{(f)}}^*}{c_{Br^-_{(aq)}}^*}\right)\right]$, où f_{max} est la fréquence critique maximale mesurée à différente concentration d'ions. L'équation (3.18) peut encore être écrite en séparant la contribution de l'ion échangé (Br⁻) de chaque côté de l'interface :

$$\log(f_{\max}) = \log\left(\frac{k_s'}{K_{\max}' D}\right) + (1-\beta)\log(c_{Br^-_{(aq)}}^*) + \beta \log(c_{Br^-_{(f)}}^*) \qquad (3.19)$$

L'équation (3.19) montre la dépendance linéaire de $\log(f_{\max})$ avec $\log(c_{Br^-_{(aq)}}^*)$, la pente de la courbe étant (1 – β).

Les courbes obtenues (figure 3.17-(b)) à une concentration donnée de KBr dans le milieu aqueux, en fonction de la fréquence de balayage dans le domaine exploré montrent que la réaction globale d'électrode est un processus quasiréversible.

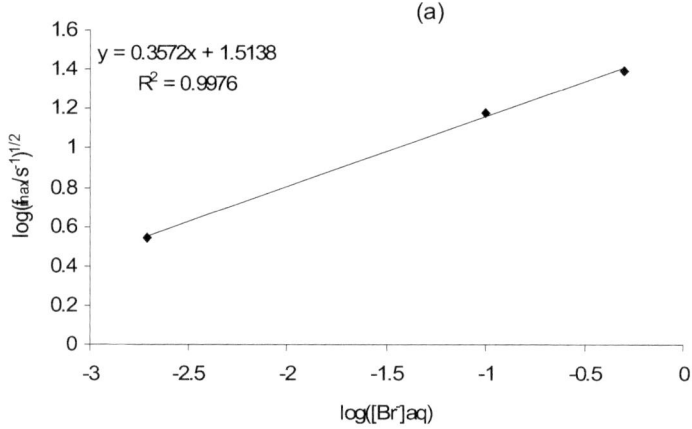

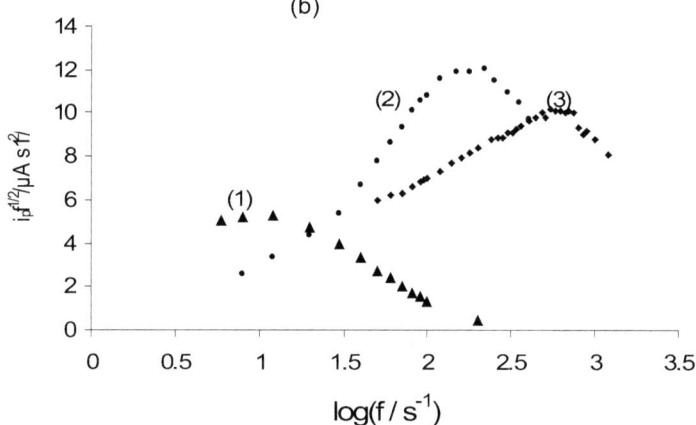

Figure 3.17 : (a) Dépendance de la fréquence critique en fonction de la concentration de KBr de la phase aqueuse.
(b) Effet de la concentration de KBr de la phase aqueuse sur le maximum de la quasiréversibilté de LBPC. La concentration de KBr est : (1) 1,96 mM ; (2) 0,1 M ; (3) 0,5M. Conditions LBPC/TOPB (1/19) sur BPG/KBr aq

La figure 3.17-(b) montre clairement que la fréquence du maximum est influencée par la quantité de l'ion bromure en milieu aqueux : l'augmentation de la concentration déplace le maximum quasiréversible de LBPC vers les plus grandes fréquences de 12 Hz ([Br⁻] = 1,96 mM) à 580 Hz ([Br⁻] = 0,5 M). Ce résultat démontre que c'est le transfert de l'ion à l'interface qui contrôle la cinétique de la réaction[168].

La variation linéaire de cette illustration est représentée sur la figure 3.17-(a), le coefficient de régression linéaire est R = 0,997, et la pente est de 0,3572, ce qui correspond à β = 0,64, β étant le coefficient de transfert.

Des équations précédentes on pourrait déterminer la constante de vitesse de la réaction (3.1) si le coefficient de diffusion de LBPC dans le liquide ionique était connu.

5.4.2) Influence de la nature des anions du milieu aqueux

La figure 3.18 montre les maxima correspondant au transfert d'autres anions. La position du maximum dépend de l'ion transféré, ce qui indique que le processus global de la réaction redox à l'interface liquide|liquide est contrôlé par la cinétique du transfert d'ion.

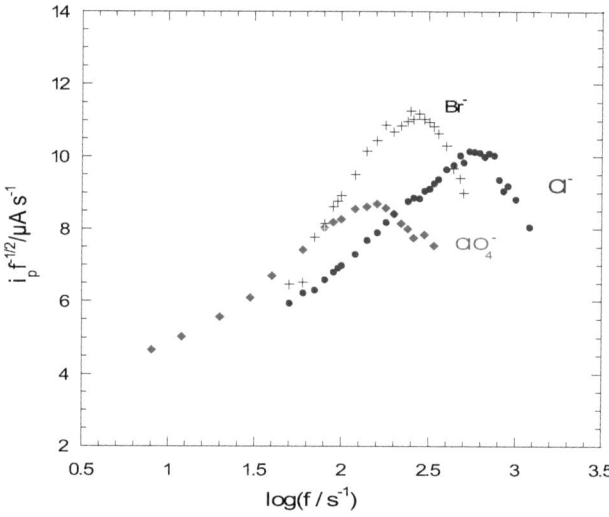

<u>Figure 3.18</u> : Maxima quasiréversibles obtenus expérimentalement correspondant aux transferts des anions. a = 50 mV, pas de poteniel dE = 0,15 mV.

L'évolution du maximum quasiréversible a été analysée à différentes concentrations des anions du milieu aqueux. Dans tous les cas, la position du maximum passe par une fréquence critique maximale (f_{max}) quand on augmente la concentration des anions du milieu aqueux. Ceci satisfait le critère principal qui prouve que la cinétique de transfert d'ion impose la vitesse de la réaction globale, en accord avec des études similaires réalisées à l'interface nitrobenzène|eau[132, 172].

A ce stade on ne peut pas déterminer la constante cinétique de transfert de l'électron car nous ne connaissons pas le coefficient de diffusion de LBPC dans le film et n'avons aucune détermination précise de l'épaisseur du film.

La nature de l'électrode solide à laquelle a lieu l'échange d'électron ne devrait pas influencer la cinétique de la réaction globale puisque celle-ci est limitée par la transfert d'ion ; sauf si le transfert électronique devenait limitant sur un matériau d'électrode.

Sur la figure 3.19 sont représentées les graphes $i_p f^{1/2} = f([\log f])$ pour une même quantité de liquide ionique déposée sur du graphite pyrolytique « edge plane » (0,32 cm²) ou « basal plane » (0,196 cm²). On constate que les deux maxima apparaissent à des fréquences différentes et que celui observé sur BPGE est très atténué. Nous estimons que c'est l'épaisseur du film qui est la cause principale de cette différence, le film étant beaucoup plus épais et la surface du graphite BPG est très lisse. En l'absence d'observations plus poussées, nous ne pouvons aller au delà de cette hypothèse.

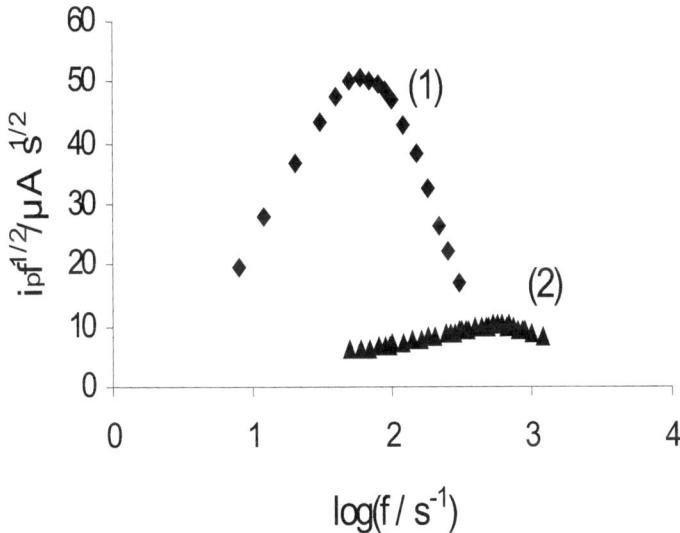

Figure 3.19 : Effet de la surface de l'électrode sur le maximum de la quasi réversibilité de LBPC.
(3) LBPC/TOPB(1/19) sur EPG/ KBr(aq) (0,1M) surface EPG 0,32 cm².
(2) LBPC/TOPB(1/19) sur BPG/ KBr(aq) (0,1M) surface BPG 0,196 cm²

Conclusion

L'électrode BPG modifiée par un film de liquide ionique et immergée dans des solutions aqueuses présente les mêmes avantages qu'une électrode de travail EPG modifiée par un film de liquide organique : le liquide ionique et l'eau forme une interface liquide|liquide au même titre que l'interface nitrobenzène|eau. Nakanishi et collaborateurs[160] considèrent que la réduction de la bisphtalocyanine lutétium s'accompagne de la formation de paires d'ions entre les formes réduites de la bispthalocyanine de lutétium et le cation ($4C_8P^+$) du liquide ionique et que les formes oxydées de la bisphtalocyanine s'associent à l'ion halogène provenant du milieu aqueux pour former des paires d'ions. Tout au long de cette étude, nous avons montré que l'oxydation ou la réduction de la bisphtalocyanine de lutétium à l'interface liquide ionique|solution aqueuse est gouvernée par le transfert d'ions de la phase aqueuse vers le liquide ionique, aussi bien sur le plan thermodynamique que cinétique. Il est vraisemblable que les espèces ioniques sont associées sous forme de paires ou en forte interaction dans des milieux tels que les liquides ioniques. Néanmoins, il nous semble évident que le phénomène dominant est la réaction de transfert des ions de l'eau au liquide ionique.

Chapitre 4

TRANSFERT D'ELECTRON ENTRE LES CORPS REAGISSANTS SITUES A DES COTES OPPOSES D'UNE INTERFACE LIQUIDE|LIQUIDE

Introduction

Le mécanisme de la réaction redox de LBPC à une électrode à film de liquide ionique ou organique immergée dans des solutions aqueuses électrolytiques révèle que l'oxydation ou la réduction de cette espèce électroactive est couplée au transfert des ions d'une phase à l'autre. Les potentiels formels des systèmes redox LBPC$^+$/LBPC et LBPC/LBPC$^-$ varient en fonction de la nature de l'électrolyte présent en milieu aqueux (chapitres 2 et 3). Nous avons souhaité examiner également le transfert de l'électron à travers cette interface liquide, c'est-à-dire l'échange d'électron entre deux couples redox entre phase aqueuse et phase organique.

L'analyse des paramètres qui affectent la cinétique des réactions de transfert de l'électron est largement décrite dans la littérature[173-177], plus rarement lorsque l'interface est entre deux milieux liquides non miscibles. Mais l'évaluation expérimentale des vitesses de réaction est relativement rare[178-181]. Une des nouvelles méthodes expérimentales utilisées pour mesurer le transfert d'électron est la microscopie électrochimique à balayage (SECM), technique mise au point par Bard et ses collaborateurs[182, 183]. Bien qu'elle présente des caractéristiques attrayantes, cette méthode exige un appareillage très particulier[184]. La technique de l'électrode à film, bien plus simple à mettre en œuvre, semble pouvoir apporter des informations intéressantes comme le montrent les travaux de Anson[11, 69, 124, 185]. Toutefois, aucun résultat expérimental n'a encore été publié sur le transfert d'électron à travers l'interface eau|liquide ionique, d'où l'intérêt de tout premier ordre de l'étude qui est faite dans le présent chapitre.

1) Transfert d'électron à la frontière séparant deux phases

L'électron solvaté n'étant pas stable dans les milieux liquides, le transfert de l'électron à la frontière séparant deux liquides non miscibles se produira uniquement entre les couples redox $(Ox_1/Red_1)_E$ et $(Ox_2/Red_2)_O$ dissous respectivement dans l'eau (E) et le milieu organique (O). Le solvant organique peut être soit le nitrobenzène soit un liquide ionique comme TOPB. A l'interface liquide|liquide le mécanisme de transfert de l'électron peut être schématisé par la figure suivante :

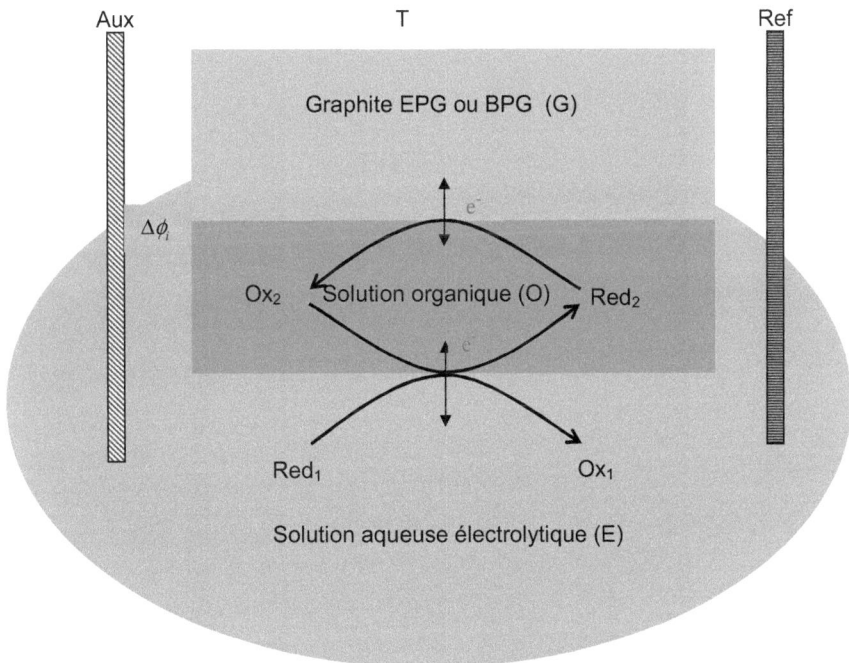

Figure 4.1 : *Transfert de l'électron entre un couple redox hydophobe présent dans le solvant organique et un couple hydrophile présent dans la phase aqueuse.(T, Aux, Ref : électrodes de travail, auxiliaire, référence).*

L'échange à l'interface est :

$$Ox_{2,(O)} + Red_{1,(E)} \rightleftharpoons Ox_{1,(E)} + Red_{2,(O)} \qquad (4.1)$$

Si on considère l'échelle de potentiel schéma 4.1 :

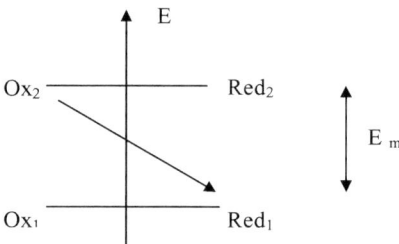

<u>Schéma 4.1</u> : Force électromotrice d'une réaction d'échange d'électron entre des espèces redox présentes dans les phases adjacentes immiscibles.

la force électromotrice de la réaction 4.1 est :

$$\Delta E_m = (E_2^{\theta'} - E_1^{\theta'}) + \Delta_E^O \phi_I^\theta \qquad (4.2)$$

L'oxydant du couple redox dont le potentiel formel $E_2^{\theta'}$ se situe au dessus réagira sur le réducteur dont le potentiel formel $E_1^{\theta'}$ est en dessous. La différence ΔE_m dépend de $\Delta \phi$, le potentiel interfacial, qui lui-même dépend des ions.

Les premières études expérimentales du transfert d'électron à l'interface entre deux solutions électrolytiques non miscibles ont été menées avec le ferrocène[23, 186] :

$$Fe(CN)_{6,(E)}^{3-} + Fc_{(NB)} \rightleftharpoons Fe(CN)_{6,(E)}^{4-} + Fc_{(NB)}^+ \qquad (4.3)$$

Au moyen de la cellule électrochimique :

$$\left| Ag \right| AgCl \left| 0{,}05\ M\ TBACl_{(E)} \right| 0{,}05\ M\ TBATPB_{(NB)}, 0{,}01\ M\ Fc_{(NB)} \left| 10^{-3} M\ Fe(CN)_{6,(E)}^{3-}, \right.$$
$$10^{-4} M\ Fe(CN)_{6,(E)}^{4-}, 0{,}05\ M\ LiCl_{(E)} \left| Pt \right.$$

Certains problèmes ont été relevés lors de cette étude tels, l'oxydation de l'ion TPB⁻ et la relative solubilité des ions Fc⁺ dans l'eau. La formation de paire d'ions est négligée quand le nitrobenzène est utilisé comme solvant organique, et ne devrait pas l'être lorsque le dichlorométhane, le dichloroéthane ou d'autres milieux ayant une faible constante diélectrique sont les solvants de la phase organique. De plus l'ion ferrocénium Fc⁺ est soluble en milieu aqueux (G = 7,2 kJ mol⁻¹)[187, 188] et le processus réel est[189] :

$$Fe(CN)_{6,(E)}^{3-} + Fc_{(E)} \rightleftarrows Fe(CN)_{6,(E)}^{4-} + Fc_{(E)}^{+} \qquad (4.4)$$

Pour pallier cet inconvénient, le décamethylferrocène a été utilisé à la place du ferrocène car la forme oxydée de cette molécule n'est pas soluble dans l'eau[190] son énergie standard de Gibbs de transfert du nitrobenzène étant de 35 kJ/mol[187, 188]. Cependant une publication récente révèle que $Fe(CN)_{6,(E)}^{3-}$ est extrait dans le dichlorométhane et forme une paire d'ions avec Me₂Fc⁺ [191]. Il faut en outre noter l'instabilité chimique des ions ferrocinium[192]. Ces inconvénients justifient amplement les essais avec LBPC, qui est un composé stable chimiquement. Outre cela, LBPC présente plusieurs systèmes redox réversibles et l'on pourra étudier son oxydation et sa réduction.

Nous allons uniquement nous intéresser au transfert d'électron entre les corps réagissants à l'interface eau|liquide ionique.

2) Etude du transfert d'électron entre LBPC dans TOPB et le couple $(Fe(CN)_6^{3-}/Fe(CN)_6^{4-})_{(E)}$

Les expériences décrites ci-dessous sont les premières tentatives de mesure de la cinétique du transfert de l'électron à l'interface entre l'eau et un liquide ionique hydrophobe, le bromure de tétraoctylphosphonium. La plupart des études précédentes sur les processus de transfert d'électron ont été réalisées à l'interface eau|solvant organique. L'électrode de travail utilisée est une électrode BPG, modifiée par un film LBPC/TOPB (1/19). Même si l'électrode de graphite BPG utilisée pour mener les études du transfert de l'électron à l'interface liquide ionique TOPB|eau est différente de celle utilisée pour ce même transfert d'électron à l'interface nitrobenzène|eau, nous pouvons être en mesure de comparer les résultats. En effet, nous avons vu que la nature de l'électrode solide à laquelle a lieu l'échange d'électron n'influence pas considérablement la cinétique de la réaction globale, puisque celle-ci est limitée par le transfert d'ion (figure 3.19). Les différences fondamentales entre les liquides ioniques et les solvants organiques conventionnels, (viscosité élevée et très grande concentration ionique des liquides ioniques), peuvent influencer la dynamique de la réaction de transfert d'électron interfacial.

Une électrode BPG immergée dans une solution aqueuse de ferricyanure de potassium avec comme électrolyte support le bromure de potassium permet d'obtenir le voltammogramme cyclique de la figure 4.2-(1). Ce dernier présente un signal redox réversible pour lequel $E^{\theta'} = 0{,}19\,V/ECS$. Une mince couche de TOPB déposée à la surface de l'électrode de graphite BPG empêche toute réaction de l'ion ferricyanure à l'électrode de graphite (figure 4.2-(2)).

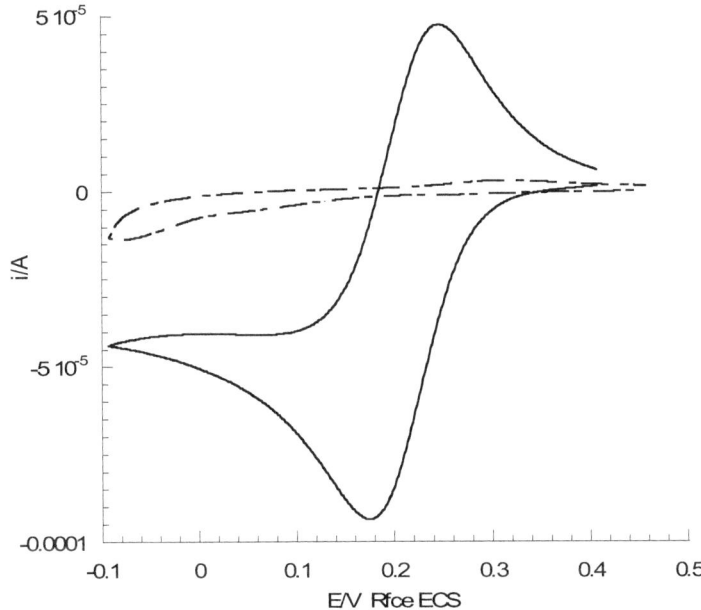

Figure 4.2 : (1) Voltammétrie cyclique de Fe(CN)$_6^{3-}$ (2 10^{-3} M) à une électrode BPG : Electrolyte support KBr 0,1 M ; vitesse de balayage 5 mV/s. (2) après avoir recouvert l'électrode d'un film de TOPB (3,2 µm).

L'introduction de LBPC dans le film TOPB, entraîne l'apparition d'un palier de courant lors du balayage vers les potentiels cathodiques (figure 4.3-(2)). On remarque que le système d'oxydation de la LBPC gagne en réversibilité (figure 4.3-(2)).

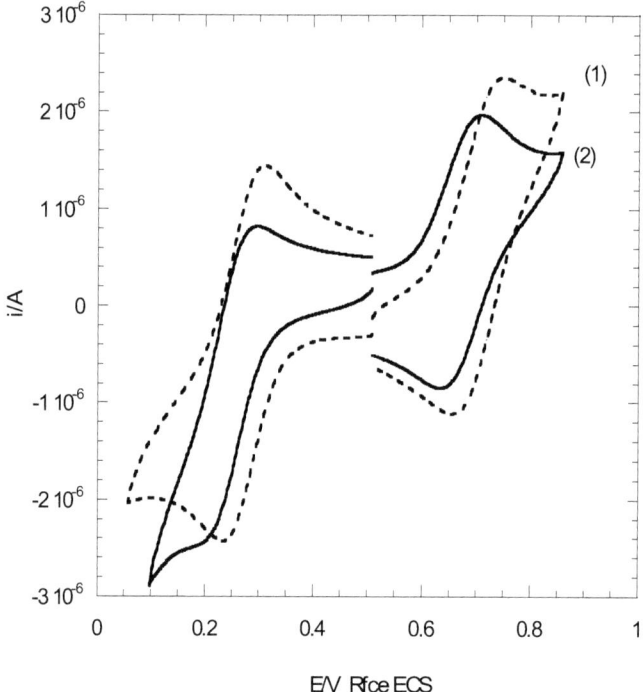

Figure 4.3 : Echange d'électron entre le couple redox $Fe(CN)_6^{3-}/Fe(CN)_6^{4-}$ de la phase aqueuse et le couple LBPC/LBPC⁻ du film ionique TOPB. (1) Voltammogramme à une électrode BPG recouverte d'un film de TOPB/LBPC (1/19) immergée dans une solution aqueuse KBr (0,1 M) ; $C_{Fe(CN)_6^{4-}(E)} = C_{Fe(CN)_6^{3-}(E)} = 0$. (2) Reprise de l'expérience (1) avec $C_{Fe(CN)_6^{3-}(E)} = C_{Fe(CN)_6^{4-}(E)} = 5\ mM$.

L'échelle de potentiel (schéma 4.2) des différents systèmes redox présents dans les phases liquides en contact confirme les résultats obtenus en voltammétrie cyclique.

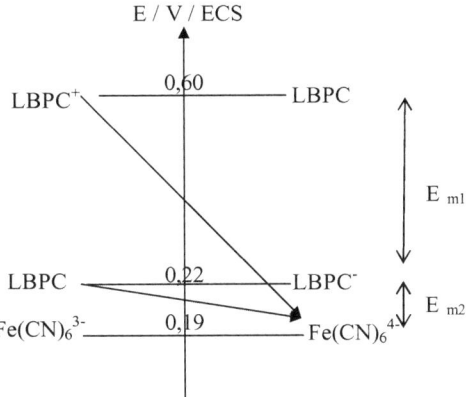

<u>Schéma 4.2</u>: Echelle de potentiels des systèmes redox $LBPC^+/LBPC$, $Fe(CN)_6^{3-}/Fe(CN)_6^{4-}$ et $LBPC/LBPC^-$ à une interface eau|liquide ionique. Electrolyte dans l'eau KBr, pas d'électrolyte dans le liquide ionique.

L'oxydation de LBPC n'est pas réellement affectée par la présence de $Fe(CN)_6^{3-}$ à l'interface car il demeure réversible. En revanche, on remarque que le système de réduction est affecté par la présence du réducteur $Fe(CN)_6^{4-}$ dans la phase aqueuse, bien que les potentiels ne soient pas particulièrement favorables ; les potentiels apparents des couples $\left(Fe(CN)_6^{3-}/Fe(CN)_6^{4-}\right)_{(E)}$ et $\left(LBPC/LBPC^-\right)_{(LI)}$ sont pratiquement identiques (schéma 4.2). L'observation d'un échange électronique à l'interface malgré ces conditions défavorables montre qu'il n'y a pas de gêne d'ordre cinétique à cet échange.

Une augmentation de la concentration de l'hexacyanoferrate (II) de potassium dans la phase aqueuse entraîne une diminution de la concentration de LBPC à l'interface liquide ionique|eau et le courant de palier cathodique correspondant, i_d, est par conséquent limité par la diffusion de LBPC et $LBPC^-$ dans le film de liquide ionique TOPB. L'intensité du courant de ce palier peut être décrite par l'équation 4.5[121] :

$$i_d = \frac{nFAa_{LI}D_{LI}}{\delta} \tag{4.5}$$

n est le nombre d'électrons échangés, F est la constante de Faraday, A est la surface de l'électrode, a_{LI} est l'activité totale de LBPC dissous dans le film de liquide ionique TOPB, D_{LI} est le coefficient de diffusion de LBPC dans le TOPB, et δ est l'épaisseur du film. Les courants expérimentaux deviennent indépendants des concentrations de $Fe(CN)_{6,E}^{4-}$ au voisinage de 0,01 M, la valeur limite du courant du palier étant de 2 µA. Cette valeur est retrouvée à partir de l'équation 4.5 ; avec A = 0,196 cm², a_{LI} = 1, D_{LI} = 3,48x10^{-7} cm² s^{-1} (valeur évaluée à partir de l'équation 4.7) et δ = 3,2 µm. Les courants des plateaux restent essentiellement les mêmes quand les concentrations des électrolytes KBr de la phase aqueuse varient entre 0,01 et 1 M. Ce comportement est cohérent avec le fait qu'aucun transfert d'ion n'a lieu à l'interface liquide ionique|eau quand le courant en régime constant est mesuré.

Il correspond un courant à la vitesse de transfert d'électron à travers l'interface eau|liquide ionique[184] :

$$i_{et} = nFAa_{LI}C_E \tag{4.6}$$

Où k_{et} est la constante de vitesse bimoléculaire (en cm s^{-1} M^{-1}) du transfert d'électron entre les deux espèces électroactives présentes respectivement aux concentrations a_{LI} et C_E dans le TOPB et dans l'eau, lorsque la cinétique de la réaction est du premier ordre. Le courant de palier observé, i_{obs}, résulte de la limitation par la cinétique de transfert de l'électron et par la diffusion des espèces dans le film (équation 4.7).

$$\frac{1}{i_{obs}} = \frac{1}{i_d} + \frac{1}{i_{et}} \tag{4.7}$$

Le tracé de la courbe $\dfrac{1}{i_{obs}}$ en fonction de $\dfrac{1}{[Fe(CN)_{6,E}^{4-}]}$ doit être linéaire, avec une pente inversement proportionnelle à $k_{et}a_{LI}$, figure 4.4.

La figure 4.4, qui représente l'évolution du courant de palier i_{obs} (à E = 0,19 V) en fonction de la concentration du réducteur présent dans l'eau est obtenue à partir de mesure de courant lorsqu'on fait varier la concentration de $Fe(CN)_{6,(E)}^{4-}$.

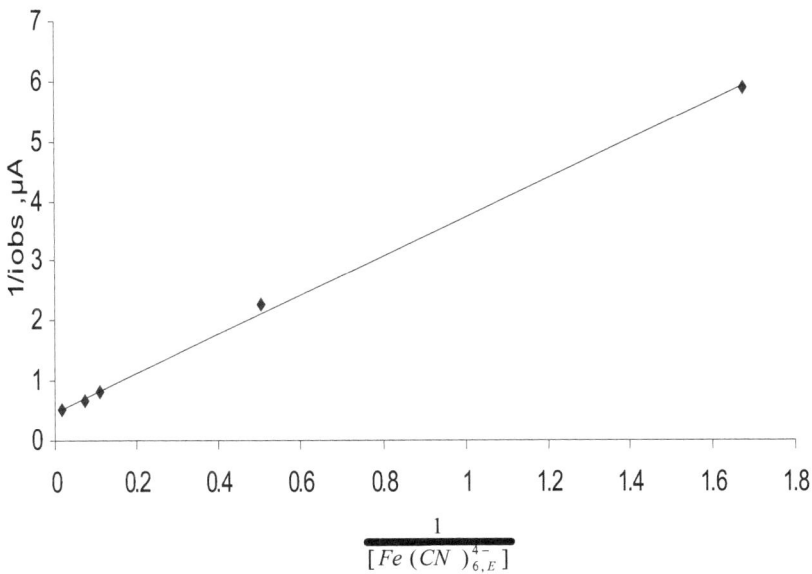

<u>Figure 4.4</u> : Echange d'électron entre les couples redox $(LBPC\,/\,LBPC^{-})_{(LI)}$ et $(Fe(CN)_6^{3-}\,/\,Fe(CN)_6^{4-})_{(E)}$. Electrolyte de la phase aqueuse KBr 0,1 M. (potentiel de mesure du courant E = 0,19 V).

La pente de la courbe permet d'évaluer le coefficient de diffusion de LBPC.

$$D_{LI} = 3{,}48\ 10^{-7}\ cm^2\ s^{-1}.$$

L'ordonnée à l'origine permet d'accéder à la valeur de la constante de vitesse de transfert de l'électron[193], d'après l'équation (4.8) :

$$\frac{1}{i_{obs}} = \left(\frac{\delta}{nFAD_{Li}}\right)\frac{1}{a_{Li}} + \left(\frac{1}{nFAka_{Li}}\right)\frac{1}{\left[Fe(CN)_6^{3-}\right]_{,(E)}} \quad (4.8)$$

on trouve alors :

$$k_{et} = 1{,}62\ 10^{-5}\ cm\ s^{-1}$$

Les expériences ont été effectuées à différentes concentrations en électrolyte support dans la phase aqueuse dans le but d'examiner la sensibilité de k_{et} à la force électromotrice de la réaction qui dépend du potentiel interfacial (équation 4.2).

Pour déterminer k_{et} avec précision, $\frac{1}{i_{et}}$ ne doit pas être négligeable devant $\frac{1}{i_d}$. Pour avoir des valeurs fiables de i_k, par conséquent de k_{et}, deux conditions doivent être respectées[121] :

(i) L'intensité de courant i_{obs}, doit être plus petite que i_d (sinon, le transport de masse dans le mince film dominera la réponse obtenue),

(ii) la concentration des réactifs dans la phase aqueuse à l'interface liquide|liquide ne doit pas être sensiblement affectée par la réaction (sans quoi, le transport de masse dans la phase aqueuse affectera la réponse obtenue).

Pour remplir la première condition, la contrainte raisonnable est que : $i_{obs} \leq 0{,}8\ i_d$[185] et la valeur limite de a_{Li} est :

$$\frac{4D_{NB}}{\delta k_{et}} \geq C_E \geq \frac{8 \times 10^3 a_{Li} D_{Li} t^{1/2}}{\delta (\pi D_E)^{1/2}} \quad (4.9)$$

Les valeurs trouvées pour le coefficient de diffusion et la constante de vitesse de transfert de l'électron sont en accord avec la condition selon laquelle l'intensité du courant observé doit être plus petite que l'intensité de courant de diffusion car le transport de masse dans le film mince domine la réponse obtenue : $C_E \leq \dfrac{4D_{LI}}{k_{et}\delta}$. La constante de vitesse peut être évaluée avec une précision de ± 25 %.

Au chapitre 3, nous avons souligné le fait que l'ajout d'électrolyte support dans le film de liquide ionique n'influence que très faiblement les potentiels des systèmes redox. De plus la plupart des sels à cation organique utilisés, ne sont pas soluble dans TOPB. Il est donc difficile de faire évoluer le potentiel interfacial. Néanmoins, nous avons évalué les potentiels des couples redox de LBPC en présence de quelques électrolytes aqueux (Tableau 3.3).

En présence d'hydrogénosulfate de tétrabutylammonium en phase aqueuse, le potentiel formel du système redox $(Fe(CN)_6^{3-}/Fe(CN)_6^{4-})_{(E)}$ se situe entre les potentiels de $(LBPC^+/LBPC)_{(LI)}$ et $(LBPC/LBPC^-)_{(LI)}$ comme l'indique l'échelle de potentiel ci-dessous.

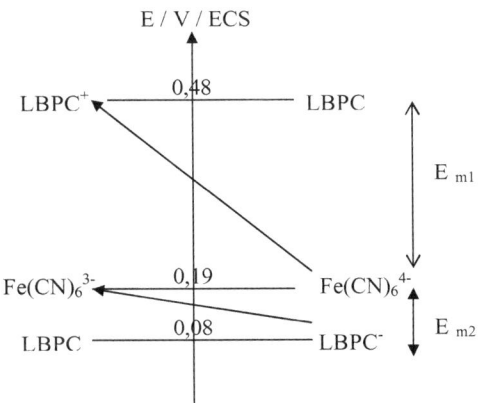

Schéma 4.3 : Echelle de potentiels des systèmes redox $(LBPC^+/LBPC)_{LI}$, $(Fe(CN)_6^{3-}/Fe(CN)_6^{4-})_{(E)}$ et $(LBPC/LBPC^-)_{LI}$ à une interface eau|liquide ionique. Electrolyte dans l'eau TBAHSO$_4$ 0,1M.

En l'absence d'hexacyanoferrate de potassium dans le milieu aqueux, le voltammogramme obtenu à partir d'un film ionique LBPC/TOPB (1/19) au contact d'une solution aqueuse d'hydrogénosulfate de potassium présente deux systèmes redox réversibles (figure 4.5-(1)). Ces systèmes redox correspondent à l'oxydation et à la réduction de la LBPC à l'interface liquide ionique|eau[193].

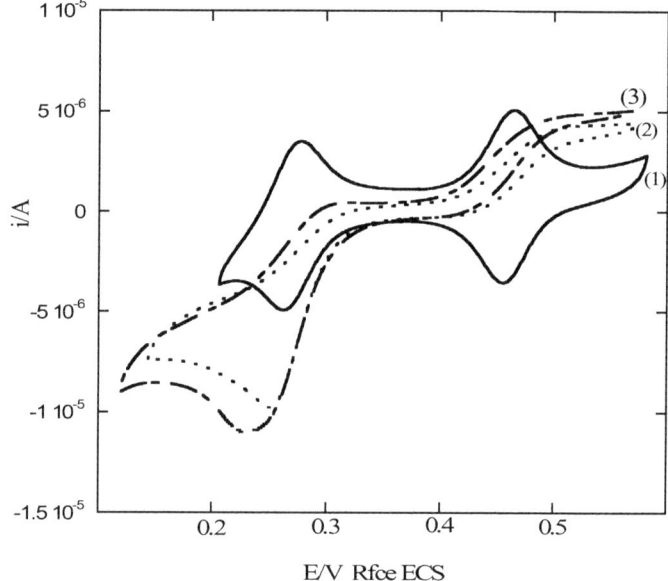

Figure 4.5: Echange d'électron entre les couples redox $LBPC^+_{(LI)} / LBPC_{(LI)}$ et $LBPC_{(LI)} / LBPC^-_{(LI)}$ du film ionique et le couple redox $Fe(CN)_6^{3-}{}_{(E)} / Fe(CN)_6^{4-}{}_{(E)}$. *(1) Voltammogramme cyclique à une électrode BPG recouverte d'un film de TOPB/LBPC(1/19) et immergée dans une solution aqueuse de KHSO$_4$ 0,1 M $C_{Fe(CN)_6^{4-}{}_{(E)}} = C_{Fe(CN)_6^{3-}{}_{(E)}} = 0$. (2) Reprise de l'expérience (1) avec $C_{Fe(CN)_6^{3-}{}_{(E)}} = C_{Fe(CN)_6^{4-}{}_{(E)}} = 5\,mM$. (3) Reprise de l'expérience (1) avec $C_{Fe(CN)_6^{3-}{}_{(E)}} = C_{Fe(CN)_6^{4-}{}_{(E)}} = 10\,mM$. $v = 5\,mV.s^{-1}$.*

L'ajout d'hexacyanoferrate (III) de potassium et d'hexacyanoferrate (II) de potassium dans la phase aqueuse provoque l'apparition de paliers de courant anodique ou cathodique (figure 4.5-(2)). L'augmentation de la quantité d'hexacyanoferrate (III) dans la phase aqueuse provoque un accroissement de l'intensité de courant observée (figure 4.5-(3)).

L'inverse de l'intensité du courant observé est proportionnelle à l'inverse de la concentration en ion hexacyanoferrate (III) présent en milieu aqueux.

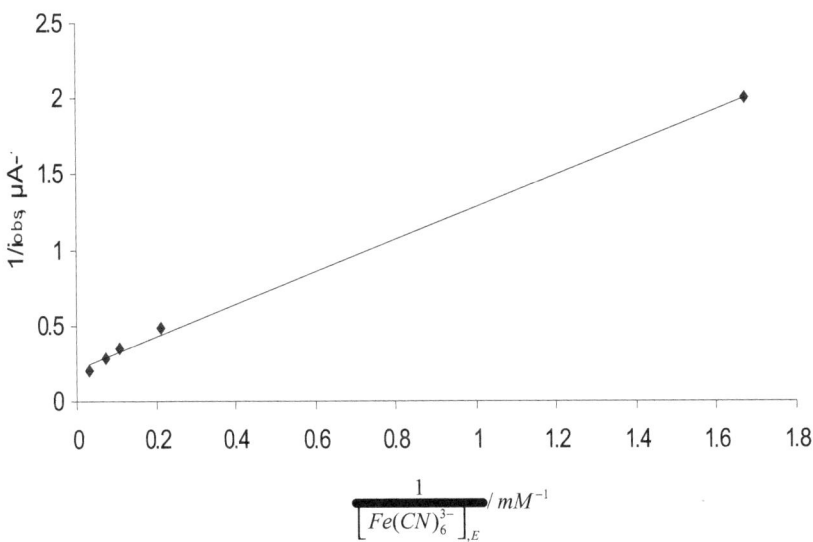

Figure 4.6 : Echange d'électron entre les couples redox $(LBPC/LBPC^-)_{LI}$ et $(Fe(CN)_6^{3-}/Fe(CN)_6^{4-})_{(E)}$. Electrolyte dans la phase aqueuse TBAHSO$_4$ (0,1 M). Potentiel de mesure de courant E = 0,5 V.

La concentration des réactifs dans la phase aqueuse ne diminue pas sensiblement à l'interface liquide|liquide lors de la réaction de transfert de l'électron[193, 194]. La figure 4.6 permet de tirer les données cinétiques de la réaction d'échange d'électron à l'interface liquide ionique|TOPB. L'inverse de l'intensité de courant $i_d^{-1} = \dfrac{\delta}{nFAa_{LI}D_{LI}}$ correspond à l'ordonnée à l'origine et permet de déterminer le coefficient de diffusion de LBPC dans le TOPB :

$$D_{LI} = 1{,}6 \ 10^{-7} \ cm^2 \ s^{-1}$$

Cette valeur est du même ordre de grandeur que celle calculée à partir du système de référence TOPB|solution aqueuse de KBr.

La pente de la courbe correspond au produit $(nFAa_{LI}k_{et})^{-1}$, qui permet d'accéder à la constante de vitesse de transfert de l'électron

$$k_{et} = 4{,}9 \ 10^{-5} \ cm \ s^{-1}$$

Le mécanisme du transfert de l'électron entre les espèces électroactives présentes dans les phases adjacentes est conforme au schéma décrit à la figure 4.1.

Conclusion

La méthode consistant à séparer la surface d'une électrode de la solution aqueuse par un film de solvant organique (nitrobenzène ou liquide ionique) facilite les mesures de la vitesse de transfert d'électron à travers les interfaces liquide|liquide. Le manque des données expérimentales de tels processus entrave le développement et les propositions des techniques d'essai sur la structure et la composition des interfaces liquide|liquide laquelle affecte la vitesse de transfert d'électron. Lorsque l'espèce électroactive LBPC est dissoute dans le solvant organique utilisé pour former le mince film, il devient possible de mesurer le courant en régime constant à l'électrode. L'intensité est limitée par la vitesse de transfert de l'électron à travers l'interface eau|solvant organique. L'électroneutralité dans les deux phases est maintenue en l'absence de transport d'ion parce que l'électron injecté ou enlevé à l'interface électrode|solvant organique est enlevé ou injecté exactement à la même vitesse à l'interface solvant organique|eau. Par conséquent, la vitesse du transfert d'électron à l'interface solvant organique|eau à partir des mesures de courant en régime stationnaire devient facile à déterminer. Il n'est pas obligatoire de faire des manipulations supplémentaires pour obtenir des constantes de vitesse. Nous avons pu ainsi mesurer la constante de vitesse d'échange d'électron entre les couples redox $LBPC^+/LBPC$ présent dans le nitrobenzène et $Fe(CN)_6^{3-}/Fe(CN)_6^{4-}$ présent dans l'eau. La constante de vitesse de transfert de l'électron à travers l'interface eau|liquide ionique a été déterminée pour la première fois entre ces mêmes couples redox.

Les résultats expérimentaux que nous avons obtenus mettent l'accent sur certains inconvénients qui peuvent survenir lors la réaction de transfert de l'électron quand la paire des réactifs est séparée par une interface liquide|liquide. Ces résultats sont en accord avec les propositions de Schmickler[177] selon lesquelles la réaction de transfert de l'électron à travers les interfaces liquide|liquide est naturellement plus complexe à analyser que les réactions caractéristiques des interfaces électrode|solution. Les très faibles valeurs obtenues de la constante de vitesse peuvent être dues au fait qu'il existe une grande distance entre les centres redox des systèmes redox situés de part et d'autre de l'interface.

CONCLUSION GENERALE

Ce travail présente la première tentative d'utiliser l'électrode à film de liquide pour l'étude de la cinétique du transfert d'ion à travers l'interface eau|solvant organique, le cas des liquides ioniques étant abordé également. A notre connaissance, c'est une méthode expérimentale très commode pour évaluer un phénomène important, telle que la vitesse de transfert d'ion. Elle est plus facile à mettre en œuvre comparé au dispositif expérimental à quatre électrodes généralement utilisé lors de l'étude des réactions électrochimiques se déroulant à l'interface liquide|liquide. Tout au long de ce mémoire, nous avons analysé les réactions redox se déroulant à l'interface de deux liquides non miscibles. L'utilisation de diverses techniques électrochimiques (CV, SWV,....) combinée à l'analyse de réactions chimiques couplées aux échanges redox qui ont lieu dans les milieux réactionnels permet de dégager les conclusions suivantes :

- L'oxydation ou la réduction de la bisphtalocyanine de lutétium à une électrode modifiée soit par un solvant organique, soit par un liquide ionique implique uniquement des orbitales π des macrocycles conjugués, le lutétium conservant son degré d'oxydation III ; en effet l'écart entre les systèmes redox observés à l'interface liquide|liquide est le même que celui obtenu avec ce même composé en milieu homogène.

- L'oxydation de la bisphtalocyanine de lutétium présent soit dans le liquide ionique ou bien dans le nitrobenzène est couplée au transfert d'anion de la phase aqueuse vers le liquide non miscible à l'eau.

- Le transfert de cation du milieu aqueux vers le solvant organique équilibre le déficit de charge dans le mince film crée lors de l'échange d'électron entre la bisphtalocyanine de lutétium et l'électrode de graphite.

- L'échange d'électron au travers de l'interface liquide|liquide, entre les systèmes redox présents dans chacune des deux phases en contact (film organique et solution aqueuse) est possible car le couple redox dans le film organique sert de médiateur pour le transfert de l'électron entre l'électrode solide et la phase aqueuse. Les premières données concernant le coefficient de diffusion de LBPC dans TOPB est déterminé. De même sont mesurées la constante cinétique et les énergies de Gibbs de transfert des ions de la phase aqueuse vers le liquide ionique TOPB.

Nous avons montré également que le dispositif utilisé pour analyser les réactions impliquant une espèce en phase aqueuse et une entité dissoute dans un solvant organique (nitrobenzène ou liquide ionique TOPB) permet d'accéder aux différentes constantes thermodynamiques et cinétiques utiles en thermodynamique et en chimie de solution. En cinétique, l'analyse expérimentale exige seulement des mesures de l'intensité de courant du pic obtenue en SWV à différentes fréquences. Chaque série de mesures permet de ressortir la position du maximum quasireversible, en raison de l'excellente stabilité du film de liquide organique sur la surface de l'électrode. Le calcul de la constante de vitesse cinétique exige simplement la connaissance critique du paramètre cinétique, telle que la fréquence critique du maximum quasiréversible. Les constantes de vitesse de transfert de l'électron ont pu ainsi être dégagées. En thermodynamique, l'énergie standard de Gibbs de transfert des différents cations et anions de l'eau vers le solvant organique évaluée dans le cadre de ce travail est en accord avec celle obtenue avec un dispositif particulier (microélectrode liquide|liquide, SECM,...). Grâce à cette électrode modifiée le coefficient de diffusion de l'espèce électroactive hydrophobe dans le solvant organique est déterminé avec une erreur relativement faible. La légère différence observée entre la valeur mesurée de cette constante de diffusion et la valeur calculée est vraisemblablement due au fait qu'il est difficile de contrôler la concentration des ions des électrolytes dans le solvant organique. Les différences fondamentales entre le TOPB et le nitrobenzène (viscosité, tension de vapeur) influencent la dynamique de la réaction de transfert d'électron interfacial ; la cinétique de transfert de l'électron est plus lente dans le TOPB.

L'utilisation de la technique électrochimique par l'industrie, que ce soit pour la synthèse de produits chimiques ou pour le traitement d'eaux résiduaires non biodégradables, est limitée par le manque d'électrode stables anodiquement en milieu acide et la compréhension des réactions d'interface solide|liquide électrolytique. Nous avons tenté de combler cette lacune et une autre importante, celle très pertinente de l'utilisation de l'interface liquide|liquide en électrochimie analytique. L'utilisation du liquide ionique, permet une meilleure compréhension des rôles joués par le métal support et le film conducteur organique d'une part, d'autre part ouvre la voie à de nouveaux développements.

BIBLIOGRAPHIE

(1) Pondaven, A.; Cozien, Y.; L'Her, M. In *New J. Chem.*, 1992; Vol. 16, pp 711.
(2) L'Her, M.; Pondaven, A. In *The Pophyrin Hanbook. Phthalocyanines : Spectroscopy and Electrochemical Characterisation; Academic Press*; Smith, K., Ed.: New York, 2003; Vol. 16, pp PP 117-170.
(3) Pondaven, A.; Cozien, Y.; L'Her, M. In *New J. Chem.*, 1992; Vol. 16, pp 711.
(4) Gavach, C. *C. R. Acad. Sci. Paris* 1969, *269*, 1356-1359.
(5) Geblewicz, G.; Kontturi, A. K.; Schiffrin, D. *J. Electroanal. Chem.* 1987, *217*, 261-269.
(6) Girault, H. In *Modern Aspects of Electrochemistry*; Bockris, J. M., Conway, B., White, R., Eds.; Plenum Press: New York and London, 1993; Vol. 25, pp 1-62.
(7) Guainazzi, M.; Silvestri, G.; G., S. *J. Chem. Soc., Chem. Commun.* 1975, 200-201.
(8) L'Her, M.; Rousseau, R.; L'Hostis, E.; Roue, L.; Laouenan, A. *C.R.Acad.Sci.Paris* 1996, *t.322, serie II b*, 55-62.
(9) Lovric, M.; Komorsky-Lovric, S. *Electrochemistry Communications* 2003, *5*, 637-643.
(10) Nakanishi, T.; Hiroto, M.; Sagara, T.; Nakashima, N. *Chem. Lett.* 2000, 340.
(11) Shi, C.; Anson, F. *J. Phys. Chem. B* 1998, *102*, 9850-9854.
(12) Shi, C.; Anson, F. *Anal. Chem.* 1998, *70*, 3114-3118.
(13) Kadish, K. M.; Nakanishi, T.; Gürek, A.; Ahsen, V.; Yilmaz, I. *J. Phys. Chem. B* 2001, *105*, 9817-9821.
(14) Riesenfeld, E. H. *Ann. Phys.* 1902, *8*, 609-615.
(15) Nernst, W.; Riesenfeld, E. *Ann. Phys* 1902, *8*, 600-608.
(16) Lyons, M. *Annual Reports on the Progress of Chemistry, Section C: Physical Chemistry (1991)* 1990, *87*, 119-1714.
(17) Benjamin, I. *Chem. Rev.* 1996, *96*, 1449-1475.
(18) Benjamin, I. *Ann. Rev. Phys. Chem.* 1997, *48*, 407-451.
(19) Schmickler, W. *Annual Reports on the Progress of Chemistry,Sect. C.* 1999, *95*, 117-161.
(20) Girault, H. H.; Schiffrin, D. J. In *Electroanalytical Chemistry, A series of Advances*; Bard, A., Ed.; Dekker, M.: New York, 1989; Vol. 15, pp 1-141.
(21) Volkok, A. G.; Volkov, A. G., Ed.: New York, 2001, pp 683.
(22) Samec, Z. *J.Electroanal.Chem* 1979, *103*, 1-9.
(23) Samec, Z. *J.Electroanal.Chem* 1979, *99*, 197-205.
(24) Taylor, G.; Girault, H. H. *J. Electroanal. Chem.* 1986, *208*, 179-183.
(25) Shao, Y.; Mirkin, M.; Rusling, J. *Journal of Physical Chemistry B* 1997, *101*, 3202-3208.
(26) Shi, C.; Anson, F. *J.Phys.Chem.B* 2001, *105*, 8963-8969.
(27) Mirceski, V. *J. Phys. Chem. B.* 2004, *108*, 13719-13725.
(28) Mirceski, V.; Gulaboski, R.; Scholz, F. *Electrochem. Comm.* 2002, *4*, 814-819.
(29) Gulaboski, R.; Mirceski, V.; Pereira, C. M.; Cordeiro, M. N. D. S.; Silva, A. F.; Quentel, F.; L'Her, M.; Lovri , M. *Langmuir* 2006, *22*, 3404-3412.
(30) Schröder, U.; Wadhawan, J.; Evans, R. G.; Compton, R. G.; Wood, B.; Walton, D. J.; France, R. R.; Marken, F.; Page, P. C. B.; Hayman, C. M. *J. Phys. Chem. B* 2002, *106*, 8697-8704.
(31) Scholz, F.; Komorsky-Lovric; Lovric, M. *Electrochemistry communications* 2000, *2*, 112-118.
(32) Shi, C.; Anson, F. *J.Phys.Chem B* 2001, *105*, 1047-1049.
(33) Marken, F.; Webster, R. D.; Davies, S. G. *J. Electroanal. Chem* 1997, *437*, 209-218.
(34) Reymond, F.; Fermin, D.; Lee, H. J.; Girault, H. H. *Electrochimica Acta* 2000, *45*, 2647-2662.

(35) Koryta, J.; Vanysek, P.; Brezina, M. *J. Electroanal. Chem. Interfacial Electrochem.* 1977, *75*, 211-228.
(36) Koryta, J.; Vanysek, P.; Brezina, M. *J. Electroanal. Chem.* 1977, *75*, 211-228.
(37) Koryta, J.; Vanysek, P.; Brezina, M. *J. Electroanal. Chem Interfacial Electrochem* 1976, *67*, 263-266.
(38) Senda, M. *Journal of Electroanalytical Chemistry* 1994, *378*, 215-220.
(39) Senda, M. *Analytical Sciences* 1994, *10*, 649-650.
(40) Riesenfeld, E. H. *Ann. Phys.* 1902, *8*, 616-624.
(41) Riesenfeld, E. H.; Reinhold, B. *Z. Phys. Chem.* 1909, *68*, 459-470.
(42) Cremer, Z. *Z. Biol.* 1906, *47*, 562-608.
(43) Ostwald, W. *Z. Phys. Chem.* 1890, *6*, 71-82.
(44) Beutner, R. *Z. Elektrochem.* 1913, *19*, 319-378.
(45) Beutner, R. *Z. Elektrochem.* 1913, *19*, 467-506.
(46) Karpfen, F. M.; Randles, J. E. B. *Trans Faraday Soc.* 1953, *49*, 823-831.
(47) Melroy, O. R.; Buck, R. P. In *J. Electroanal. Chem Interfacial Electrochem*, 1982; Vol. 136, pp 19-37.
(48) Nernst, W.; Riesenfeld, E. In *Ann. Phys*, 1902; Vol. 8, pp 600-608.
(49) Riesenfeld, E. H. In *Ann. Phys.*, 1902; Vol. 8, pp 609-615.
(50) Riesenfeld, E. H. In *Ann. Phys.*, 1902; Vol. 8, pp 616-624.
(51) Guastalla, J. In *C. R. Acad. Sc. Paris*, 1969; Vol. 272, pp 872-875.
(52) Gavach, C. In *C. R. Acad. Sci. Paris*, 1969; Vol. 269, pp 1356-1359.
(53) Koryta, J. In *Electrochimica Acta*, 1979; Vol. 24, pp 293-300.
(54) Girault, H. H.; Schiffrin, D. J. In *Electroanalytical Chemistry, A series of Advances*; Bard, A., Ed.; Dekker, M.: New York, 1989; Vol. 15, pp 1-141.
(55) Samec, Z.; Marecek, V.; Weber, J.; Homolka, D. In *J.Electroanal.Chem*, 1981; Vol. 126, pp 105-119.
(56) Vanysek, P. In *Lecture notes in chemistry*; Tomasi, J., Ed.; Springer-Verlag: Berlin, 1985; Vol. 39.
(57) Vanysek, P. In *Anal. Chem.*, 1990; Vol. 62, pp 827A-835A.
(58) Vanysek, P. In *Electrochim. Acta*, 1995; Vol. 40, pp 2841-2847.
(59) Kakiuchi, T. In *Electrochimica Acta*, 1998; Vol. 44, pp 171-179.
(60) Kakiuchi, T. In *Electrochim. Acta*, 1995; Vol. 40, pp 2999-3003.
(61) Hundhammer, B.; Solomon, T.; Alemu, H. In *J. Electroanal. Chem.*, 1983; Vol. 149, pp 179-183.
(62) Marken, F.; Compton, R. G.; Goeting, C. H.; Foord, J. S.; Bull, S. D.; Davies, S. G. *Electroanalysis* 1998, *10*, 821-826.
(63) Bard, A. In *Nature*, 1995; Vol. 374, pp 13.
(64) Peulon, S.; Guillou, V.; L'Her, M. In *J. Electroanal. Chem.*, 2001; Vol. 514, pp 94-102.
(65) L'Her, M.; Rousseau, R.; L'Hostis, E.; Roue, L.; Laouenan, A. In *C.R.Acad.Sci.Paris*, 1996; Vol. t.322, serie II b, pp 55-62.
(66) Vanysek, P. *Electrochemistry on liquid/liquid interfaces*; Springer-Verlag: Berlin, 1985.
(67) Girault, H.; Schiffrin, D. In *J.Electroanal.Chem*, 1988; Vol. 244, pp 15-26.
(68) L'Her, M.; Sladkov, V. In *Trends in Molecular Electrochemistry*; Pombeiro, A. J. L., Amatore, C., Eds.; Marcel Dekker, 2004, pp 503-546.
(69) Shi, C.; Anson, F. C. *Anal. Chem.* 1998, *70*, 3114-3118.
(70) Scholz, F.; Meyer, B. In *Electroanalytical Chemistry, A Series of Advances*; Bard, A. J., Rubinstein, I., Eds., 1998; Vol. 20, pp 1.

(71) Scholz, F.; Komorsky-Lovric; Lovric, M. In *Electrochem. commun.*, 2000; Vol. 2, pp 112-118.
(72) Scholz, F.; Gulaboski, R.; Mirceski, V.; Langer, P. In *Electrochem. commun.*, 2002; Vol. 4, pp 659-662.
(73) Scholz, F.; Gulaboski, R.; Caban, K. In *Electrochem. commun.*, 2003; Vol. 5, pp 929-934.
(74) Shi, C.; Anson, F. In *J. Phys. Chem. B*, 1998; Vol. 102, pp 9850-9854.
(75) Shi, C.; Anson, F. In *Anal. Chem.*, 1998; Vol. 70, pp 3114-3118.
(76) Shi, C.; Anson, F. In *J.Phys.Chem.B*, 1999; Vol. 103, pp 6283-6289.
(77) Shi, C.; Anson, F. In *J.Phys.Chem B*, 2001; Vol. 105, pp 1047-1049.
(78) Shi, C.; Anson, F. In *J.Phys.Chem.B*, 2001; Vol. 105, pp 8963-8969.
(79) welton, T. In *Chem. Rev.*, 1999; Vol. 99, pp 2071-2075.
(80) Sheldon, R. In *chem. commun.*, 2001, pp 2399-2401.
(81) Visser, A. E.; Swatloski, R. P.; Rogers, R. D. In *Green Chem.*, 2000; Vol. 2, pp 1-7.
(82) Huddleston, J. G.; Visser, A. E.; Reichert, W. M.; Willauer, H. D.; Broker, G. A.; Rogers, R. D. In *Green Chem.*, 2001; Vol. 3, pp 156-164.
(83) Holbrey, J. D.; Visser, A. E.; Rogers, R. D. In *Ionic Liquids in Synthesis*; Wellton, T., Ed.; Wiley-VCH Verlag, 2003, pp 68-81.
(84) Bonhôte, P.; Dias, A.-P.; Popageorgiou, N.; Kalyanasundaram, K.; Grätzel, M. In *Inorg. Chem.*, 1996; Vol. 35, pp 1168-1171.
(85) Carmichael, A. J.; Seddon, K. R. In *J. Phys. Org. Chem.*, 2000; Vol. 13, pp 591.
(86) Muldoon, M. J.; Gordon, C. M.; Dunkin, I. R. In *J. Chem. Soc. Faraday Trans*, 2001; Vol. 2, pp 433.
(87) Kakiuchi, T. In *Liquid-Liquid Interfaces*; Deamer, D. W., Ed.; CRC Press, 1996, pp 1.
(88) Parker, A. J. In *Chem. Rev.*, 1969; Vol. 69, pp 1-32.
(89) Pleskov, V. A. In *Usp. Khim*, 1947; Vol. 16, pp 254-270.
(90) Koepp, H. M.; Wendt, H.; Strehlow, H. In *Z. Elektrochem.*, 1960; Vol. 64, pp 483-489.
(91) Grunwald, E.; Baughman, G.; Kohnstam, G. In *J. Am. Chem. Soc.*, 1960; Vol. 82, pp 5801-5807.
(92) Guainazzi, M.; Silvestri, G.; Serravalle, G. In *J. Chem. Soc. Chem. Commun.*, 1975, pp 200-206.
(93) Samec, Z.; Marecek, V.; Weber, J. In *J.Electroanal.Chem*, 1977; Vol. 96, pp 245-247.
(94) Samec, Z. In *J.Electroanal.Chem*, 1979; Vol. 103, pp 1-9.
(95) Samec, Z. In *J.Electroanal.Chem*, 1979; Vol. 99, pp 197-205.
(96) Samec, Z.; Marecek, V.; Weber, J. In *J. Electroanal. Chem.*, 1979; Vol. 103, pp 11-18.
(97) Geblewicz, G.; Schiffrin, D. In *J. Electroanal. Chem.*, 1988; Vol. 244, pp 27-37.
(98) Cunnane, V.; Schiffrin, D.; Beltran, C.; Geblewicz, G.; Solomon, T. In *J.Electroanal.Chem*, 1988; Vol. 247, pp 203-214.
(99) Kihara, S.; Suzuki, M.; Maeda, K.; Ogura, K.; Matsui, M.; Yoshida, Z. In *J.Electroanal.Chem*, 1989; Vol. 271, pp 107-125.
(100) Kihara, S.; Maeda, K.; Suzuki, M.; Sohrin, Y.; Shirai, O.; Matsui, M. In *Anal.Sciences*, 1991; Vol. 7, pp 1415-1420.
(101) Maeda, K.; Kihara, S.; Suzuki, M.; Matsui, M. In *J.Electroanal.Chem*, 1991; Vol. 303, pp 171-184.
(102) Cheng, Y.; Cunnane, V.; Schiffrin, D.; Mutomäki, L.; Konturri, K. In *J. Chem. Soc. Faraday Trans.*, 1991; Vol. 87, pp 107-114.
(103) Cheng, Y.; Schiffrin, D. In *J.Electranal.Chem.*, 1991; Vol. 314, pp 153-163.
(104) Marcus, R. In *J.Phys.Chem*, 1990; Vol. 94, pp 4152-4155.
(105) Marcus, R. In *J.Phys.Chem*, 1990; Vol. 94, pp 1050-1055.

(106) Marcus, R. In *J.Phys.Chem*, 1991; Vol. 95, pp 2010-2013.
(107) Marcus, R. In *Journal of Electroanalytical chemistry*, 1997; Vol. 438, pp 251-259.
(108) Cheng, Y.; Schiffrin, D. In *J.Chem.Soc., Faraday Trans.*, 1994; Vol. 90, pp 2517-2523.
(109) Cunnane, V.; Geblewicz, G.; Schiffrinc, D. In *Electrochim. Acta*, 1995; Vol. 40, pp 3005-3014.
(110) Sutin, N. In *Acc. Chem. Res.*, 1982; Vol. 15, pp 275-282.
(111) Linstead, R. P., 1934.
(112) Kirin, I. S.; Moskalev, P. N., 1965.
(113) Kirin, I. S.; Moskalev, P. N. In *J. Inorg. Chem.*, 1965; Vol. 10, pp 1065.
(114) Pondaven, A.; Nassi, A.; Njanja-Tcheunkeu, E.; Ngameni, E.; Cadiou, C.; L'Her, M. In *phthalocyanines and porphyrins*; Kadish, Ed.; J. porphyrins phthalocyanine, 2004; Vol. 8, pp 799.
(115) Harnoode, C.; Takamura, K.; Kubota, H.; Sho, K.; Futsjisawa, K.; Kitamura, F.; Tokuda, K. *Electrochemistry* 1999, *67*, 832-838.
(116) Shi, C.; Anson, F. In *Anal. Chem.*, 1998; Vol. 70, pp 3114-3118.
(117) Shi, C.; Anson, F. C. In *J. Phys. Chem. B*, 1998; Vol. 102, pp 9850-9854.
(118) Shi, C.; Anson, F. C. In *J. Phys. Chem. B*, 1999; Vol. 103, pp 6283-6289.
(119) Shi, C.; Anson, F. C. In *J. Phys. Chem. B*, 2001; Vol. 105, pp 1047-1049.
(120) Shi, C.; Anson, F. C. In *J. Phys. Chem. B*, 2001; Vol. 105, pp 8963-8969.
(121) Shi, C.; Anson, F. C. *J. Phys. Chem. B* 1998, *102*, 9850-9854.
(122) Shi, C.; Anson, F. C. *J. Phys. Chem. B* 1999, *103*, 6283-6289.
(123) Shi, C.; Anson, F. C. *J. Phys. Chem. B* 2001, *105*, 1047-1049.
(124) Shi, C.; Anson, F. C. *J. Phys. Chem. B* 2001, *105*, 8963-8969.
(125) Scholz, F.; Gulaboski, R.; Caban, K. In *Electrochem. Comm.*, 2003; Vol. 5, pp 929-934.
(126) Scholz, F.; Gulaboski, R. In *ChemPhysChem*, 2005; Vol. 2005, pp 16-28.
(127) Scholz, F.; Gulaboski, R. In *Faraday Discuss.*, 2005; Vol. 129, pp 169-177.
(128) Quentel, F.; Mirceski, V.; L'Her, M. In *J. Phys. Chem. B*, 2005; Vol. 109, pp 1262-1267.
(129) Danil de Namor, A. F.; Hill, T. In *J. Chem. Soc Faradys Trans*, 1983; Vol. 1, pp 2713-2722.
(130) Quentel, F.; Mirceski, V.; L'Her, M. *J. Phys. Chem. B* 2005, *109*, 1262-1267.
(131) Scholz, F.; Gulaboski, R.; Caban, K. *Electrochem. Comm.* 2003, *5*, 929-934.
(132) Pondaven, A.; Nassi, A.; Njanja-Tcheunkeu, E.; Ngameni, E.; Cadiou, C.; L'Her, M. 2004; J. porphyrins phthalocyanine; 799.
(133) Wilkes, J. S. In *Green Chem.*, 2002; Vol. 4, pp 73.
(134) Pernak, J.; Czepukowicz, A.; Pozniak, R. In *Ind. Eng. Chem. Res.*, 2001; Vol. 40, pp 2379.
(135) Jastorff, B.; Störmann, R.; Ranke, J.; Mölter, K.; Stock; Oberheitmann, B.; Hoffmann, W.; Hoffmann, J.; Nüchter, M.; Ondruschka, B.; Filser, J. In *Green Chem.*, 2003; Vol. 5, pp 136.
(136) Visser, A. E. H., J.D.; Rogers, R. D., Eds. *Hydrophobic ionic liquids incorporating N-alkylisonqunolinium cations and their utilizaton in liquid-liquid separations*, 2001.
(137) Matsumoto, H. K., J.D.; Miyazaki, Y. In *Chem. Lett.*, 2001, pp 182.
(138) Sun, J. F., M.; Macfarlaine, D. R. In *J. Phys. Chem. B.*, 1998; Vol. 102, pp 8858.
(139) Larsen, A. S.; Holbrey, J. D.; Tham, F. S.; Reed, C. A. In *J. Am. Chem. Soc.*, 2000; Vol. 122, pp 7264.
(140) Ngo, H. L.; Lecompte, K.; Hargens, L.; Mcewen, A. B. In *Thermochim. Acta*, 2000; Vol. 357/358, pp 97.

(141) Blanchard, L. A.; Gu, Z.; Brennecke, J. F. In *J. Phys. Chem. B.*, 2001; Vol. 105, pp 2437.
(142) Dzyuba, S.; Bartsch, R. A. In *Chem. Phys. Chem.*, 2002; Vol. 3, pp 161.
(143) Noda, A.; Hayamizu, K.; Watanabe, M. In *J. Phys. Chem. B.*, 2001; Vol. 105, pp 4603.
(144) Quinn, B. M.; Ding, Z.; Moulton, R.; Bard, A. J. In *Langmuir*, 2002; Vol. 18, pp 1734.
(145) Karmakar, R.; Samanta, A. In *J. Phys. Chem. A.*, 2002; Vol. 106, pp 6670.
(146) Fung, Y. S.; Zhour, R. Q. In *J. Power Sources*, 1999; Vol. 81/82, pp 891.
(147) Hultgen, V. M.; Mariotti, W. A.; Bond, A. M.; Wedd, G. *Reference potential calibration and voltammetry at macrodisk electrodes of mettalocene derivatives in the ionic liquid [bmim][PF$_6$]*, 2002.
(148) Gaillon, L.; Bedioui, 2001.
(149) Suarez, P. A. Z.; Consorti, C. S.; De Souza, R. F.; Dupont, J.; Gonçalves, R. S. 2002; 106.
(150) Nakanishi, T.; Murakami, H.; Sagara, T.; Nakashima, N. In *J. Phys. Chem. B*, 1999; Vol. 103, pp 304-308.
(151) Nakanishi, T.; Hiroto, M.; Sagara, T.; Nakashima, N. In *Chem. Lett.*, 2000, pp 340.
(152) Nakanishi, T.; Yilmaz, I.; K.M., K. In *Anal. Chem.*, 2001; Vol. 17, pp i595.
(153) Yilmaz, I.; Nakanishi, T.; Gürek, A.; Kadish, K. M. In *J. Porphyrins Phthalocyanines*, 2003; Vol. 7, pp 227-238.
(154) Kadish, K. M.; Nakanishi, T.; Gürek, A.; Ahsen, V.; Yilmaz, I. In *J. Phys. Chem. B.*, 2001; Vol. 105, pp 9817-9821.
(155) Buchler, J. W.; Löffler, J. In *Z. Naturforsch.,B*, 1990; Vol. 45, pp 531-542.
(156) Buchler, J. W.; Hammerschmitt, P.; Kaufled, I.; Löffler, J. In *J. Chem. Ber.*, 1991; Vol. 124, pp 2152-2159.
(157) Nakashima, N.; Nonata, Y.; Nakanishi, T.; Sagara, T.; Murakami, H. In *J. Phys. Chem. B*, 1998; Vol. 102, pp 7328-7330.
(158) Nakashima, N.; Kurayama, T.; Tokunaga, T.; Murakami, H.; Sagara, T. In *Chem. Lett.*, 1998, pp 633-634.
(159) Nakashima, N.; Wahab, N. W. B.; Mori, M.; Murakami, H.; Sagara, T. In *Chem. Lett.*, 2001, pp 748-749.
(160) Nakanishi, T.; Yilmaz, I.; Nakashima, N.; Kadish, K. M. In *J. Phys. Chem. B.*, 2003; Vol. 107, pp 12789-12796.
(161) Guyon, F.; Pondaven, A.; Kerboal, J.-M.; L'Her, M. In *Inorg. Chem.*, 1994; Vol. 33, pp 4787-4793.
(162) Guyon, F.; Pondaven, A.; Kerboal, J.-M.; L'Her, M. In *Inorg. Chem.*, 1998; Vol. 37, pp 569-576.
(163) Quentel, F.; Mirceski, V.; L'Her, M. In *Anal. Chem.*, 2005, pp A - J.
(164) Buck, R. P.; Bronner, W. E. In *J. Electroanal. Chem.*, 1986; Vol. 197, pp 179-181.
(165) Manzanares, J. A.; Lahtinen, R.; Quinn, B. M.; Kontturi, K.; Schiffrin, D. J. In *Electrochim. Acta*, 1998; Vol. 44, pp 59-71.
(166) Murtomaki, L.; Kontturi, K.; Schiffrin, D. J. In *J. Electroanal. Chem.*, 1999; Vol. 474, pp 89-93.
(167) Samec, Z. In *Liquid-Liquid Interfaces. Theory and methods*; Deamer, D. W., Ed.; CRC Press: Boca Raton, FL, 1996, pp 155-178.
(168) Mirceski, V. In *J. Phys. Chem. B.*, 2004; Vol. 108, pp 13719-13725.
(169) Mirceski, V.; Lovric, M.; Jordanoski, B. In *Electroanalysis*, 1999; Vol. 11, pp 660-663.
(170) Kormosky-Lovric S.; Lovric, M. In *Anal. Chim. Acta*, 1995; Vol. 305, pp 248-255.

(171) Lovric, M. In *Electroanalytical Methods Guide to experiments and Applications*; Scholz, F., Ed.; Springer Verlag: Berlin Heidelberg, 2002, pp 111-133.
(172) Mirceski, V.; Quentel, F.; L'Her, M.; Pondaven, A. *Electrochem. Comm.* 2005, *7*, 1122-1128.
(173) Girault, H. *Charge transfer across liquid-liquid interfaces.*; Plenum Press: New York and London, 1993.
(174) Marcus, R., 1990.
(175) Marcus, R. 1991; 2010-2013.
(176) Quinn, B.; Lahtinen, R.; Murtomaki, L.; Kontturi, K. In *Electrochimica Acta*, 1998; Vol. 44, pp 47-57.
(177) Schmickler, W. In *Journal of Electroanalytical Chemistry*, 1997; Vol. 428, pp 123-127.
(178) Cheng, Y.; Cunnane, V.; Schiffrin, D.; Mutomäki, L.; Konturri, K. In *J. Chem. Soc. Faraday Trans.*, 1991; Vol. 87, pp 107-114.
(179) Cheng, Y.; Schiffrin, D., Eds. *Redox Electrocatalysis by Tetracyanoquinodimethane in Phospholipid Monolayers adsorbed at a Liquid/Liquid Interface*, 1994.
(180) Cunnane, V.; Schiffrin, D.; Beltran, C.; Geblewicz, G.; Solomon, T. In *J.Electroanal.Chem*, 1988; Vol. 247, pp 203-214.
(181) Geblewicz, G.; Schiffrin, D. In *J. Electroanal. Chem.*, 1988; Vol. 244, pp 27-37.
(182) Bard, A. J.; Fan, F. R. F.; Mirkin, M. V. In *Physical Electrochemistry: Principles, Methods and Applications*; Rubinstein, I., Ed.; Marcel Dekker: New York, 1995.
(183) Bard, A. J.; Denuault, C.; Lee, C.; Mandler, D.; Wipf, D. O. In *Acc. Chem. Res.*, 1990; Vol. 23, pp 357.
(184) Wei, C.; Bard, A.; Mirkin, M. In *J. Phys. Chem.*, 1995; Vol. 99, pp 16033-16042.
(185) Shi, C.; Anson, F. *J.Phys.Chem.B* 1999, *103*, 6283-6289.
(186) Samec, Z.; Marecek, V.; Weber, J. *J. Electroanal. Chem.* 1979, *103*, 11-18.
(187) Komorsky-Lovric, S.; Lovric, M.; Scholz, F. In *J.Electroanal.Chem*, 2001; Vol. 508, pp 129-137.
(188) Komorsky-Lovric, S.; Lovric, M.; Scholz, F. In *Collec.Czech.Chem.Commun.*, 2001; Vol. 66, pp 434-444.
(189) Hanzlík, J.; Samec, Z.; Hovorka, J. In *J.Electroanal.Chem.*, 1987; Vol. 216, pp 303-308.
(190) Zhang, J.; Barker, A.; Unwin, P. In *J. Electroanal. Chem*, 2000; Vol. 483, pp 95-107.
(191) Vaucher, S.; Charmant, J.; Sorace, L.; Gatteschi, D.; Mann, S. In *Polyhedron*, 2001; Vol. 20, pp 2467-2472.
(192) Cunnane, V.; Schiffrin, D.; Beltran, C.; Geblewicz, G.; Solomon, T. *J.Electroanal.Chem* 1988, *247*, 203-214.
(193) Nassi, A.; Quentel, F.; Ellouet, C.; Ngameni, E.; L'Her, M.; Kuhn, A., Ed.; *11th International Conference on Electroanalysis, European Society for Electroanalytical Chemistry.*: Bordeaux, 2006, pp P2-059.
(194) Njanja-Tcheunkeu, E.; Nassi, A.; Rimboud, M.; Ellouet, C.; Quentel, F.; Ngameni, E.; L'Her, M.; Khun, A., Ed.; *11th International Conference on Electroanalysis, European Society for Electroanalytical Chemistry*: Bordeaux, 2006, pp P2-061.
(195) Pondaven, A.; Cozien, Y.; L'Her, M. *New J. Chem.* 1992, *16*, 711.

ANNEXES EXPERIMENTALES

1) Mesures voltampérométriques

Un montage classique à trois électrodes a été utilisé :
- l'électrode de travail est une électrode de graphite EPG (Edge Plane Graphite) ou BPG (Basal Plane Graphite) de surface respective 0,32 cm^2 ou 0,196 cm^2.
- La contre électrode est un fil de platine.
- L'électrode de référence est l'électrode au calomel saturée en KCl.
- La cellule électrochimique n'est pas thermostatée. Les solutions sont désaérées par un courant continu d'azote.
- Toutes les mesures ont été réalisées avec un équipement AUTOLAB (Eco-Chemie, Netherlands).

2) Réactifs

Tous les réactifs ont été utilisés sans purification préalable, sauf l'eau qui est déminéralisée (Milli Q – Millipore Corporation).

Le nitrobenzène est un produit Aldrich 99$^+$ % pur.

Le bromure de tétraoctylphosphonium est un produit Aldrich purex 97 % contenant moins de 1,5 % d'acide hydrobromique.

Les acides HCl, HClO$_4$ et H$_2$SO$_4$ sont des produits de MercK, HNO$_3$ d'origine Prolabo, de qualité « pour analyse ».

THACl, THANO$_3$, TBACl, TBAHSO$_4$, TPACl, TEACl, TMACl, TMABr, NaTPB, TBAClO4, TEAClO4 sont d'origine Fluka, puriss. Les picrates, TBAPi, TPAPi, TEAPi et TMAPi ont été synthétisé au laboratoire (UMR CNRS 6521 de l'Université de Bretagne Occidentale à Brest-France).

Les sels de potassium de l'hexcyanoferrate de fer (II) et de fer (III) sont des réactifs de Fluka puriss.

Les bisphtalocyanines de lutétium ont été préparées au Laboratoire par Annig Pondaven, Chargé de Recherche au CNRS[195].

Les sels KCl, KBr, KNO_3, Li_2SO_4, sont des produits Prolabo « qualité analytique ».

3) Préparation des électrodes de travail

3.1) Electrode modifiée par un film de liquide organique (EFO)

L'électrode de travail EPG est modifiée par dépôt de 2 µL de solution organique dans laquelle est dissoute LBPC.

3.2) Electrode modifiée par un liquide ionique

Un mélange des solutions chloroformiques de TOPB (5,5 mM) et LBPC (0,27 mM) (rapport 1/19) est déposé à la surface de l'électrode de graphite BPG, on laisse par la suite le chloroforme s'évaporé à l'aide d'un courant d'air sec. Compte tenu de la densité de TOPB (1,1), on estime que l'épaisseur d'un film est de 1,6 µm (pour 20 µL).

4) Nettoyage des électrodes de travail

Après chaque expérience l'électrode EPG est rincée à l'acétone, séchée et polie sur papier abrasif au carbure de silicium SiC de granulométrie (600) en présence d'eau. Elle est mise par la suite dans un bain à ultrason pendant 30 s environ afin d'éliminer les particules, rincée à l'eau pure, puis séchée par un courant d'air sec.

L'électrode BPG est traitée de la même façon, mais n'est pas polie sur papier abrasif.

LISTE DES ARTICLES ET COMMUNICATIONS TIRES DE CE TRAVAIL

Articles

1) Liquid/liquid interfacial potential influence on electrocatalysis at electrodes modified by an organic phase.
L'Her, Maurice; Elleouet, Catherine; Quentel, Francois; Rimboud, Mickael Rimboud; Njanja, Evangeline; Nassi, Achille. Department of Chemistry, CNRS UMR 6521, Universite de Bretagne Occidentale, France, 29238 Brest cedex, Fr. Abstracts of Papers, 232nd ACS National Meeting, San Francisco, CA, United States, Sept. 10-14, 2006 (2006), ANYL-018. Publisher: American Chemical Society, Washington, D. C CODEN: 69IHRD Conference; Meeting Abstract; Computer Optical Disk written in English. AN 2006:856156 CAPLUS

2) Lu^{III} bisphthalocyanines as mediators for redox reactions at thin-organic-film modified electrodes
E. Njanja-Tcheunkeu, A. Nassi, E. Ngameni, C. Ellouet, F. Quentel, M. L'HER
Submitted at *Journal of Electrochemistry communication* (2006)

Communications

1- Electrochemistry of a lutetium bisphthalocyanine, Lu(III)[(tBu)4Pc]2, in a thin film of an ionic liquid, tetraoctylphosphonium bromide, in contact with water
A. Nassi, E. Njanja-Tcheunkeu, C. Ellouet, F. Quentel, E. Ngameni, M. L'Her,
Alexander Khun, Ed.; *11th International Conference on Electroanalysis, European Society for Electroanalytical Chemistry*: Bordeaux, 2006, P2-059

2- Electron transfer and electrocatalysis at the liquid-liquid interface of a thin organic film modified electrode
E. Njanja-Tcheunkeu, A. Nassi, M. Rimboud, C. Ellouet, F. Quentel, E. Ngameni, M. L'Her,
Alexander Khun, Ed.; *11th International Conference on Electroanalysis, European Society for Electroanalytical Chemistry*: Bordeaux, 2006, P2-061

3- Utilisation d'une électrode à film organique à la détermination des énergies de Gibbs de transfert des ions à l'interface eau|nitrobenzène
A. Nassi, E. Njanja-Tcheunkeu, C. Ellouet, F. Quentel, E. Ngameni, M. L'Her,
P. Hapiot, Ed. ; *Journées d'Electrochimie de Saint Malo*, 2005, 1-A-09

4- Etude du comportement électrochimique de quelques composés redox en vue d'une application aux études de transfert de charges à une électrode à film organique
E. Njanja-Tcheunkeu, A. Nassi, C. Ellouet, F. Quentel, E. Ngameni, M. L'Her
P. Hapiot, Ed. ; *Journées d'Electrochimie de Saint Malo*, 2005, 1-A-10

5- Redox behavior of substituted lutetium bisphthalocyanines in organic film modified electrodes
 A. Pondaven, A. Nassi, E. Njanja-Tcheunkeu, E. Ngameni, C. Cadiou, M. L'Her
 J. Porphyrins Phthalocyanines 2004; 8; 799

6- Etude du comportement électrochimique de bisphtalocyanine de lutétium à l'électrode modifiée par un film de liquide organique
A. Nassi, M. L'Her, E. Ngameni, A. Pondaven, E. Njanja-Tcheunkeu,
J. M. Léger, Ed. ; *Journées d'Electrochimie de Poitier*, 2003, 1-A-73

7- Electron transfer at the liquid-liquid interfaces, studied between Lu(III) bisphthalocyanines in a solvent and Fe(III)/Fe(II) in water.
 M. L'Her, A. Nassi, R. Rousseau, A. Pondaven, C. Cadiou, A. Mentec, E. Ngameni
 AC3 – 2546, *203rd Meeting of the Electrochemical Society, Paris*, April 27 – May 2, 2003

8- Transfert d'électron à l'interface entre deux liquides : étude à l'aide d'une électrode à film de liquide organique.
 A. Nassi, E. Ngameni, M. L'Her, E. Njanja, A. Pondaven
 Second Ayafor Memorial Symposium, University of Dschang (Cameroun), November 10th-11th, 2003

Oui, je veux morebooks!

i want morebooks!

Buy your books fast and straightforward online - at one of world's fastest growing online book stores! Environmentally sound due to Print-on-Demand technologies.

Buy your books online at

www.get-morebooks.com

Achetez vos livres en ligne, vite et bien, sur l'une des librairies en ligne les plus performantes au monde!
En protégeant nos ressources et notre environnement grâce à l'impression à la demande.

La librairie en ligne pour acheter plus vite

www.morebooks.fr

VDM Verlagsservicegesellschaft mbH
Heinrich-Böcking-Str. 6-8
D - 66121 Saarbrücken

Telefon: +49 681 3720 174
Telefax: +49 681 3720 1749

info@vdm-vsg.de
www.vdm-vsg.de

Printed by Books on Demand GmbH, Norderstedt / Germany